南京大学百门优质课程系列教材

近世代数

MODERN ALGEBRA

孙智伟　编著

------ 特配电子资源 ------

微信扫码

· 网络课程
· 拓展阅读
· 互动交流

南京大学出版社

图书在版编目(CIP)数据

近世代数 / 孙智伟编著. —南京：南京大学出版社，2022.8

ISBN 978 - 7 - 305 - 25945 - 6

Ⅰ. ①近… Ⅱ. ①孙… Ⅲ. ①抽象代数 Ⅳ. ①O153

中国版本图书馆 CIP 数据核字(2022)第 131274 号

出版发行	南京大学出版社
社　　址	南京市汉口路 22 号　　　邮编　210093
出 版 人	金鑫荣

书　　名 **近世代数**

编　　著　孙智伟

责任编辑　刘　飞　　　　　　编辑热线 025 - 83592146

照　　排　南京开卷文化传媒有限公司

印　　刷　南京人民印刷厂有限责任公司

开　　本　787 mm×1092 mm　1/16　印张 11.25　字数 255 千

版　　次　2022 年 8 月第 1 版　2022 年 8 月第 1 次印刷

ISBN　978 - 7 - 305 - 25945 - 6

定　　价　39.00 元

网　　址：http://www.njupco.com

官方微博：http://weibo.com/njupco

微信服务号：njuyuexue

销售咨询热线：(025)83594756

前 言

    "近世代数"是数学系本科生的重要专业课, 讲解群、环、域这三个重要代数结构的基础知识. 编者从1999年开始为南京大学数学系本科生讲授此课, 经过二十多年的教学实践积累了更适于初学者的特色讲稿. 本教材正是基于这些讲稿编写的.

    南京大学数学系2002级的一位同学曾在南京大学小百合论坛上发帖谈他学习近世代数的感受, 在帖子中他写道: "在我最困难的日子里, 人生的乐趣已消失殆尽. 唯独每周一次的近世代数课宛若寒冷冬夜中的一丝火光, 给我一点慰藉. 倘若所有的课程都如近世代数课一般, 那也许不仅对我, 也是数学系广大芸芸学子的福音了. 至少, 我从近世代数课中发现了数学的精华和美妙." 相信有更多的同学从编者二十多年的近世代数课教学中体会到群、环、域理论的美妙. 感谢上过编者此课的同学们, 给他们的讲授也让编者一次又一次温习近世代数之美.

    2012年, 超星电子图书馆派人来全程拍摄编者讲授的"近世代数". 讲课视频上网后, 已被很多大学生观看学习, 产生了较广泛的影响. 2018年, 编者负责的"近世代数"入选南京大学"百"层次优质课程.

    编者负责的"近世代数"慕课于2020年在中国大学MOOC平台正式上线, 其慕课讲稿均由本人编写. 这是与本教材相配套的在线资源, 网址为https://www.icourse163.org/NJU-1462062161. 编者感谢南京大学数学系刘公祥教授、陈柯与胡昊宇副教授共同参与慕课的讲解, 特别感谢陈柯老师与胡昊宇老师分别为慕课大纲与习题的安排献计献策.

    本书需要极少的预备知识, 学过线性代数的本科二年级以上的大学生或研究生都可以阅读. 关于所需的集合论与初等数论方面的基础知识, 读者可参看本书参考书目中Enderton的书《Elements of Set Theory》与编者的书《基础数论入门》. 参考书目中还列了几本近世代数方面有价值的教材与习题集供读者参考.

    本书中的定理、引理、推论、例子与公式的编号都含有所在节号, 但没有所在章号. 引用别的章结果时, 会写明用的是第几章中结论. 本书每章留有20道习题, 难度是合适的, 个别较难点的题被分解成几小步或加了提示.

    对近世代数中常用的数学概念, 首次引入时本书标注英文名称, 这便于读者进一步阅读有关英文书籍。为增加趣味性, 本书还扼要介绍了一些重要数学家的生平事迹,也提到一些有趣的未解决猜测.

　　本书内容适用于一学期每周四节的近世代数课程,进度紧张时有些部分(包括第3章的定理1.5、定理2.2、定理2.4以及第6章的定理6.1与6.2)证明可以略去不讲.

　　本书初稿完成后征询了一些同行专家的意见,首都师范大学的徐飞教授、北京大学的袁新意教授、南方科技大学的胡勇老师、南京大学的朱富海教授与南京邮电大学的伍海亮博士都对初稿提出了宝贵的修改建议,在此对他们表示衷心的感谢!编者的在读研究生夏伟、汪涵与任宸凯协助进行了书稿的校对,对他们的辛勤付出一并表示感谢。

　　感谢南京大学出版社蔡文彬主任、胡豪老师以及钱梦菊编辑鼓励支持本书的出版,也感谢刘飞编辑认真细致的编辑工作.

　　编者相信,本教材的出版将有益于近世代数的初学者.

孙智伟(南京大学数学系)

写于2022年8月

目 录

本书常用记号说明

自然数集: $\mathbb{N} = \{0, 1, 2, \cdots\}$.

正整数集: $\mathbb{Z}^+ = \{1, 2, 3, \cdots\}$.

整数环: $\mathbb{Z}$.

a 整除 b: $a \mid b$.

模正整数 m 的剩余类环: $\mathbb{Z}_m = \mathbb{Z}/m\mathbb{Z} = \{\bar{a} = a + m\mathbb{Z} : a \in \mathbb{Z}\}$.

有理数域: $\mathbb{Q}$.

实数域: $\mathbb{R}$.

实数 α 的整数部分: $\lfloor \alpha \rfloor$.

复数域: $\mathbb{C}$.

虚数单位: i.

立方根 $\frac{-1+\sqrt{-3}}{2}$: ω.

集合 A 的基数: $|A|$.

置换 σ 的符号: $\mathrm{sign}(\sigma)$.

$\{1, \cdots, n\}$ 上的对称群: S_n.

$\{1, \cdots, n\}$ 上的交错群: A_n.

群(或者幺半群、域)的单位元: e.

群中元素 a 的阶: $o(a)$.

n 阶循环群: C_n.

群 G 的中心: $Z(G) = \{x \in G : \forall g \in G \, (gx = xg)\}$.

群 G 的导群(换位子群): $G' = \langle x^{-1}y^{-1}xy : x, y \in G \rangle$.

群 G 的 n 阶导群: $G^{(n)}$.

有限群 G 的幂指数: $\exp(G) = \min\{n \in \mathbb{Z}^+ : \forall x \in G \, (x^n = e)\}$.

H 为群 G 的子群: $H \leqslant G$.

子群 H 在群 G 中的指标: $[G : H]$.

H 为群 G 的正规子群: $H \trianglelefteq G$.

群 G 按其正规子群 H 作成的商群: $G/H = \{gH : g \in G\}$.

子群 H 在群 G 中的正规核: $H_G = \bigcap\limits_{g \in G} gHg^{-1}$.

子群 H 在群 G 中的正规化子: $N_G(H) = \{g \in G : gH = Hg\}$.

同态 σ 的同态核: $\mathrm{Ker}(\sigma)$.

同态 σ 的同态像: $\mathrm{Im}(\sigma)$.

群G的自同构群：$\mathrm{Aut}(G)$.

群G的内自同构群：$\mathrm{Inn}(G)$.

群G作用在集合X上时，$x \in X$所在的轨道：$O_x = \{g \circ x : g \in G\}$.

群G作用在集合X上时，$x \in X$的稳定化子：$\mathrm{Stab}(x) = \{g \in G : g \circ x = x\}$.

群G作用在集合X上时的作用核：$\mathrm{Ker}(X) = \{g \in G : \forall x \in X\,(g \circ x = x)\}$.

群G作用在集合X上时的不动点集合：$\mathrm{Fix}(G) = \{x \in X : \forall g \in G\,(g \circ x = x)\}$.

群$G_1, \cdots, G_n$的直积：$G_1 \times \cdots \times G_n$.

I为环R的理想：$I \trianglelefteq R$.

环R按其理想I作成的商环：$R/I = \{a + I : a \in R\}$.

幺环R的单位群：$U(R)$.

环$R_1, \cdots, R_n$的直和：$R_1 \oplus \cdots \oplus R_n$.

域F的特征：$\mathrm{ch}(F)$.

q元域：$\mathbb{F}_q$.

K为域L的子域：$K \leqslant L$.

域扩张L/K的次数：$[L : K]$.

域F的自同构群：$\mathrm{Aut}(F)$.

域扩张L/K的Galois群：$\mathrm{Gal}(L/K) = \{\sigma \in \mathrm{Aut}(L) : \forall a \in K\,(\sigma(a) = a)\}$.

第1章 群论基础

§1.1 代数方程发展史与群论起源

代数学最初的主要任务是解代数方程. 早在古巴比伦的文字泥板中就给出了实系数一元二次方程的解法.

对于一元二次方程 $ax^2 + bx + c = 0$ (其中 $a \neq 0$), 让 $\Delta = b^2 - 4ac$, 则

$$ax^2 + bx + c = 0$$

$$\Longleftrightarrow x^2 + \frac{b}{a}x + \frac{c}{a} = 0$$

$$\Longleftrightarrow \left(x + \frac{b}{2a}\right)^2 = \frac{\Delta}{4a^2}$$

$$\Longleftrightarrow x = \frac{-b \pm \sqrt{\Delta}}{2a}.$$

对于一元 n 次多项式

$$P(x) = x^n + a_1 x^{n-1} + \cdots + a_{n-1}x + a_n,$$

令 $x = y + t$ (其中参数 t 待定) 则依二项式定理知

$$P(x) = (y + t)^n + a_1(y + t)^{n-1} + \sum_{1 < k \leqslant n} a_k(y + t)^{n-k} = y^n + (nt + a_1)y^{n-1} + Q(y),$$

这里 $Q(y)$ 是关于 y 的次数小于 $n - 1$ 的多项式. 取 $t = \frac{a_1}{n}$, 则 $y = x - \frac{a_1}{n}$, 而且

$$P(x) = 0 \Longleftrightarrow y^n + Q(y) = 0.$$

因此, 解一元 n 次方程 $P(x) = 0$ 等价于解不含次高项(即 y^{n-1} 项)的一元 n 次方程 $y^n + Q(y) = 0$.

例如：对于一元二次方程 $x^2 + bx + c = 0$, 作根的平移 $x = y - b/2$ 便得到关于 y 的不含一次项的方程 $y^2 = (b^2 - 4c)/4$, 由此可得

$$x = y - \frac{b}{2} = \pm\frac{\sqrt{b^2 - 4c}}{2} - \frac{b}{2} = \frac{-b \pm \sqrt{b^2 - 4c}}{2}.$$

一元三次方程的解法源于意大利数学家N. Fontana (丰坦纳, 1499–1557), G. Cardano (卡尔丹诺, 1501–1576) 在其1545年出版的书中发表了一元三次方程解法.

我们不妨只考虑不含次高项的一元三次方程

$$x^3 + px = q.$$

写 $x = a + b$ (其中 a, b 待定), 则原方程化为

$$(a+b)^3 + p(a+b) = q, \ \text{即} \ (p+3ab)(a+b) = q - (a^3 + b^3).$$

选取 a, b 使得

$$\begin{cases} 3ab = -p, \\ a^3 + b^3 = q, \end{cases}$$

则 $x = a + b$ 为原方程的根.

如果 $3ab = -p$ 且 $a^3 + b^3 = q$, 则

$$(a^3 - b^3)^2 = (a^3 + b^3)^2 - 4(ab)^3 = q^2 - 4\left(-\frac{p}{3}\right)^3 = 4\Delta$$

(其中 $\Delta = \frac{q^2}{4} + \frac{p^3}{27}$), 从而 $a^3 - b^3 = \pm 2\sqrt{\Delta}$,

$$a^3 = \frac{q}{2} \pm \sqrt{\Delta} \ \text{且} \ b^3 = \frac{q}{2} \mp \sqrt{\Delta}.$$

由于 $x^3 - 1 = (x-1)(x^2 + x + 1)$, 三个立方根为

$$1, \ \omega = \frac{-1 + \sqrt{-3}}{2}, \ \bar{\omega} = \omega^2 = \frac{-1 - \sqrt{-3}}{2}.$$

选定 a, b 使得

$$\begin{cases} a^3 = \frac{q}{2} + \sqrt{\Delta}, \\ b^3 = \frac{q}{2} - \sqrt{\Delta}. \end{cases}$$

考虑到

$$\begin{cases} (a\omega)^3 = (a\omega^2)^3 = a^3, \\ (b\omega)^3 = (b\omega^2)^3 = b^3, \\ (a\omega)(b\omega^2) = ab = (a\omega^2)(b\omega), \end{cases}$$

三个数

$$x_1 = a + b, \ x_2 = a\omega + b\omega^2, \ x_3 = a\omega^2 + b\omega$$

都是原方程 $x^3 + px = q$ 的根. 注意

$$x_1 + x_2 + x_3 = a(1 + \omega + \omega^2) + b(1 + \omega + \omega^2) = a \times 0 + b \times 0 = 0,$$

$$x_1 x_2 + x_1 x_3 + x_2 x_3 = x_1(x_2 + x_3) + x_2 x_3 = (a+b)(-a-b) + (a^2 - ab + b^2) = -3ab = p,$$

而且

$$x_1(x_2 x_3) = (a+b)(a^2 - ab + b^2) = a^3 + b^3 = q.$$

因此

$$
\begin{aligned}
&(x - x_1)(x - x_2)(x - x_3) \\
&= x^3 - (x_1 + x_2 + x_3)x^2 + (x_1 x_2 + x_1 x_3 + x_2 x_3)x - x_1 x_2 x_3 \\
&= x^3 + px - q,
\end{aligned}
$$

即 x_1, x_2, x_3 为方程 $x^3 + px = q$ 的全部三个根.

1540年, Cardano的学生L. Ferrari (费拉里, 1522–1565) 找到了求解一元四次方程的办法.

我们不妨只考虑不含立方项的一元四次方程

$$x^4 + px^2 + qx + r = 0.$$

引入待定参数 t 并考虑到 $(x^2 + t)^2 = x^4 + 2tx^2 + t^2$, 原方程等价于

$$(x^2 + t)^2 = (2t - p)x^2 - qx + (t^2 - r).$$

选择 t 使右边二次式的判别式为0, 即让 t 满足三次方程

$$(-q)^2 - 4(2t - p)(t^2 - r) = 0.$$

于是原方程等价于

$$(x^2 + t)^2 = (2t - p)\left(x - \frac{q}{2(2t-p)}\right)^2.$$

解两个一元二次方程

$$x^2 + t = \sqrt{2t - p}\left(x - \frac{q}{2(2t-p)}\right)$$

与

$$x^2 + t = -\sqrt{2t - p}\left(x - \frac{q}{2(2t-p)}\right),$$

即可得到原四次方程的四个根.

1796年, 19岁的C. F. Gauss (高斯, 1777–1855)证明了正十七边形可用圆规与直尺作出(古希腊留下的难题). 方程$x^{17} = 1$的解(即17次单位根)为

$$e^{2\pi i\frac{r}{17}} = \left(\cos\frac{2\pi}{17} + i\sin\frac{2\pi}{17}\right)^r \ (r = 0, \cdots, 16).$$

Gauss证明了用圆规与直尺可作出长为$\cos\frac{2\pi}{17}$的线段(从而可作出角度$\frac{2\pi}{17}$), 因为$16\cos\frac{2\pi}{17}$等于

$$-1 + \sqrt{17} + \sqrt{34 - 2\sqrt{17}} + 2\sqrt{17 + 3\sqrt{17} - \sqrt{34 - 2\sqrt{17}} - 2\sqrt{34 + 2\sqrt{17}}}.$$

J. L. Lagrange (拉格朗日, 1736–1813) 认为三次、四次代数方程求根公式的发现多少带点偶然性, 他力图用统一的观点来求解二、三、四次代数方程. 1770年, Lagrange发表了长篇论文《关于代数方程解法的思考》, 通过引入Lagrange 预解方程他找到了统一求解二、三、四次代数方程的办法.

设

$$x^n + a_1 x^{n-1} + \cdots + a_{n-1}x + a_n = (x - x_1)\cdots(x - x_n).$$

令$t(\rho) = x_1 + \rho x_2 + \cdots + \rho^{n-1}x_n$, 则$1 \leqslant k \leqslant n$时

$$\frac{1}{n}\sum_{\rho^n=1}\rho^{1-k}t(\rho) = \frac{1}{n}\sum_{\rho^n=1}\rho^{1-k}\sum_{j=1}^{n}\rho^{j-1}x_j = \sum_{j=1}^{n}\frac{x_j}{n}\sum_{\rho^n=1}\rho^{j-k}$$

$$= \sum_{j=1}^{n}\frac{x_j}{n}\sum_{r=0}^{n-1}e^{2\pi i\frac{j-k}{n}r} = x_k.$$

最后一步是因为$z^n = 1$但$z \neq 1$时, $\sum_{r=0}^{n-1}z^r = \frac{z^n-1}{z-1} = 0$. 故对任何$n$次单位根$\rho$求出$t(\rho)$后, 就可求出$n$个根$x_1, \cdots, x_n$. 因此Lagrange建议先解预解方程

$$\prod_{i_1,\cdots,i_n}\left(x - (x_{i_1} + \rho x_{i_2} + \cdots + \rho^{n-1}x_{i_n})\right) = 0,$$

其中ρ为n次单位根, 乘积过$1, \cdots, n$的所有全排列$i_1, \cdots, i_n$.

上面这个预解方程的系数是关于$x_1, \cdots, x_n$的对称多项式, 从而可用$x_1, \cdots, x_n$的初等对称多项式

$$\sigma_1 = x_1 + \cdots + x_n, \quad \sigma_r = \sum_{1\leqslant i_1 < i_2 < \cdots < i_r \leqslant n} x_{i_1}x_{i_2}\cdots x_{i_r} \ (r = 2, \cdots, n)$$

来表示, 因而可用原方程系数$a_1, \cdots, a_n$表示出来.

对于一元二次方程$x^2 + bx + c = 0$, 设其根为x_1与x_2. 相应的Lagrange预解方程为

$$(x - (x_1 + x_2))(x - (x_2 + x_1)) = (x - (x_1 + x_2))^2 = 0$$

与

$$(x - (x_1 - x_2))(x - (x_2 - x_1)) = x^2 - (x_1 - x_2)^2 = 0.$$

对称多项式$(x_1 - x_2)^2$可用基本对称多项式表示出来, 事实上

$$(x_1 - x_2)^2 = (x_1 + x_2)^2 - 4x_1 x_2.$$

由于$x_1 + x_2 = -b$且$x_1 x_2 = c$, 两个预解方程容易解出, 因而可解出原方程$x^2 + bx + c = 0$.

三次方程$x^3 + px = q$的预解方程是六次的, 但为关于x^3的二次方程. 四次方程

$$x^4 + px^2 + qx + r = 0$$

的预解方程形如

$$((x^2 - t_1^2)(x^2 - t_2^2)(x^2 - t_3^2))^4 = 0,$$

这可化为关于x^2的三次方程.

但Lagrange吃惊地发现他的统一方法对高于四次的一元代数方程失效. 例如: 不含次高项的一元五次方程

$$x^5 + ax^3 + bx^2 + cx + d = 0$$

的预解方程是关于x^5的24次方程(注意$1, 2, 3, 4, 5$的全排列总个数为$5! = 120 = 5 \times 24$), 比原来的五次方程更难! Lagrange 认为五次或更高次方程的求解是上帝向人类智慧的挑战.

到了十九世纪二十年代, 挪威数学家N. H. Abel (阿贝尔, 1802–1829) 尝试求解一元五次方程, 最后却出人意料地证明了下述否定性结果:

定理1.1 (Abel定理). 对整数$n \geqslant 5$, 复数域上字母系数的n次多项式方程

$$x^n + a_1 x^{n-1} + \cdots + a_{n-1} x + a_n = 0$$

不是根式可解的, 即使用复数与该方程的系数$a_1, \cdots, a_n$进行加减乘除与开方运算不可能得到该方程的所有根.

N. H. Abel   E. Galois

法国天才数学家E. Galois (伽罗瓦, 1811–1832) 创造性地引入 "群(group)" 这个伟大概念, 把代数方程的根式可解性与相应的Galois群是否为可解群联系起来, 彻底解决了一元代数方程是否根式可解的判别问题. 例如: Galois指出方程$x^5 - 4x + 2 = 0$就不是根式可解的.

【历史注记】Galois与群论

Galois一生经历坎坷, 21岁时死于因爱情纠纷引发的决斗. 1832年5月29日, 他在决斗前夕给友人的遗书中概述了自己在代数方程根式可解性方面的工作. 他写道: "我相信最终会有人发现, 将这一堆东西解释清楚对他们是有益的."

Galois生前几次向法国科学院提交论文"关于代数方程论的研究报告", 但没得到承认. Galois的遗稿到达J. Liouville (刘维尔, 1809–1882)手中后, 他看懂了这篇划时代的论文, 并于1846年在他主编的杂志上发表了Galois 的论文.

Galois的工作不仅标志着经典代数方程论的结束, 也促使代数转向研究 "群" 这样抽象的结构.

E. Picard (皮卡, 1856–1941) 评价说: "在开创性和概念的深邃方面无人能及." 另一位数学家评论说: "Galois的洞察力简直可以说是个奇迹, 在科学史上即使再伟大的发现通常都可追溯到当时流行的东西, 只是由谁来发现的问题. 但Galois的理论与Einstein的广义相对论是仅有的例外."

Galois洞察到代数方程根式可解的条件就是它具有某种特定类型的Galois群. Galois研究的群实际上是现在所说的置换群. 1854年, A. Cayley (凯莱, 1821–1895) 引入抽象群的概念, 但在当时没有引起注意.

受Galois工作的启发, 挪威数学家S. Lie (索菲斯·李, 1842–1899) 在1873–1874年引入连续群(现称Lie群)用以研究微分方程及相关分析.

除了数学上的应用外, 群论在量子力学、分子结构、分子振动、晶体对称、规范场论等方面也有重要的应用.

§1.2 半群与群的概念

设 X 是个非空集合. 假如对任何的 $x, y \in X$ 有唯一的 X 中元 $x \circ y$ 与之对应, 则称 $\circ$ 为 X 上一个二元运算, 并说 X 对运算 $\circ$ **封闭**. 如果运算 $\circ$ 满足结合律, 即对任何的 $x, y, z \in X$ 有

$$(x \circ y) \circ z = x \circ (y \circ z),$$

则说 X 按运算 $\circ$ 形成一个**半群**(semigroup), 也称 $\langle X, \circ \rangle$ 为半群结构. 为方便起见, 我们称运算 $\circ$ 为"乘法", 并常把 $x \circ y$ 简写成 xy.

设 M 是个半群. 如果 e 为 M 中元, 且对任何的 $a \in M$ 都有 $ea = a = ae$, 则称 e 为半群 M 的**单位元**(identity) 或者**幺元**. 有单位元的半群叫做**幺半群**(monoid).

如果 e_1, e_2 都是幺半群 M 的单位元, 那么显然有 $e_1 = e_1 e_2 = e_2$. 因此幺半群 M 的单位元唯一, 我们记之为 e.

对于幺半群 M 中元 a, 假如有 $b \in M$ 使得 $ab = e = ba$, 则说 a 可逆, b 为 a 的**逆元**(inverse).

设 M 为幺半群. 如果 $b, c \in M$ 都是 $a \in M$ 的逆元, 那么

$$b = be = b(ac) = (ba)c = ec = c.$$

对 M 中可逆元 a, 我们用 a^{-1} 表示 a 唯一的逆元. 当 $a \in M$ 可逆时, a^{-1} 也可逆且 $(a^{-1})^{-1} = a$.

幺半群 M 中可逆元 a 与 b 的乘积也可逆, 而且 $(ab)^{-1} = b^{-1}a^{-1}$. 事实上,

$$(ab)(b^{-1}a^{-1}) = ((ab)b^{-1})a^{-1} = (a(bb^{-1}))a^{-1} = e,$$

而且

$$(b^{-1}a^{-1})(ab) = b^{-1}(a^{-1}(ab)) = b^{-1}((a^{-1}a)b) = e.$$

【例2.1】正整数集 $\mathbb{Z}^+ = \{1, 2, 3, \cdots\}$ 按数的乘法形成幺半群, 其中数1为乘法单位元. 自然数集 $\mathbb{N} = \{0, 1, 2, \cdots\}$ 依数的加法形成幺半群, 其中0为加法单位元(简称零元).

【例2.2】集合 X 的全体子集构成的集合 $\mathcal{P}(X)$ 叫做 X 的**幂集**(power set). 易见 $\mathcal{P}(X)$ 按集合的并运算形成幺半群, 空集 $\emptyset$ 为其单位元. $\mathcal{P}(X)$ 按集合的交运算也形成幺半群, 全集 X 为其单位元.

【例2.3】全体 n 阶实方阵按矩阵乘法构成幺半群 $M_n(\mathbb{R})$, 其单位元为 n 阶单位方阵 I_n. $M_n(\mathbb{R})$ 中元 A 可逆时, 其逆元 A^{-1} 正是 A 的逆矩阵. 对于 $M_n(\mathbb{R})$ 中可逆矩阵 A 与 B, 我们有 $(AB)^{-1} = B^{-1}A^{-1}$.

【例2.4】任给整数 d, 集合

$$S_d = \{x^2 + dy^2 : x, y \in \mathbb{Z}\}$$

按整数的乘法形成幺半群. 注意S_d对乘法封闭, 因为

$$(u^2 + dv^2)(x^2 + dy^2)$$
$$= (ux)^2 + (dvy)^2 + d((vx)^2 + (uy)^2)$$
$$= (ux \pm dvy)^2 + d(vx \mp uy)^2.$$

【例2.5】对于实数列$(a_n)_{n \geqslant 0}$与$(b_n)_{n \geqslant 0}$, 它们的卷积定义为

$$(a_n)_{n \geqslant 0} * (b_n)_{n \geqslant 0} = (c_n)_{n \geqslant 0},$$

这里

$$c_n = \sum_{k=0}^{n} a_k b_{n-k}.$$

易证$M = \{$实数列$(x_n)_{n \geqslant 0}\}$按卷积运算形成幺半群, 其卷积单位元为序列$(1, 0, 0, \cdots)$.

对于半群中元素a, b, c, d, 依此顺序作它们的乘积有多种方式:

$$((ab)c)d, \ (a(bc))d, \ a((bc)d), \ (ab)(cd), \ a(b(cd));$$

利用结合律可知它们算出的结果是相同的, 简记为$abcd$.

定理2.1. 设M为半群. 对于$a_1, \cdots, a_n \in M$, 依此顺序做成的这n个元素的乘积$a_1 \cdots a_n$与括号的添加方式无关.

证明: 对n进行归纳. 当$n \leqslant 2$时, 结论显然.

现设$n > 2$, 且少于n个的M中元的乘积都与括号的添加方式无关. 任给$a_1, \cdots, a_n \in M$及$m \in \{2, \cdots, n-1\}$, 易见

$$(a_1 \cdots a_m)(a_{m+1} \cdots a_n)$$
$$= (a_1(a_2 \cdots a_m))(a_{m+1} \cdots a_n)$$
$$= a_1((a_2 \cdots a_m)(a_{m+1} \cdots a_n))$$
$$= a_1(a_2 \cdots a_n).$$

这表明乘积$a_1 \cdots a_n$总取值$a_1(a_2 \cdots a_n)$, 它与括号添加方式无关.

类似地, 利用数学归纳法易证下述结果.

定理2.2. 设半群M满足交换律(即对任何$a, b \in M$有$ab = ba$). 任给$a_1, \cdots, a_n \in M$, 它们的乘积与因子排列顺序无关, 亦即$i_1, \cdots, i_n$为$1, \cdots, n$的全排列时

$$a_{i_1} a_{i_2} \cdots a_{i_n} = a_1 a_2 \cdots a_n.$$

设 a 为半群 M 中元. 对正整数 n, 定义

$$a^n = \underbrace{a \cdots a}_{n \text{ 个}}.$$

当 $m, n \in \mathbb{Z}^+$ 时, $a^m a^n = a^{m+n}$ 且 $(a^m)^n = a^{mn}$. 如果 M 有单位元 e, 我们还定义 $a^0 = e$.

假如 M 是幺半群而且 $a \in M$ 可逆. 对于正整数 n, 我们定义

$$a^{-n} = (a^{-1})^n = \underbrace{a^{-1} \cdots a^{-1}}_{n \text{ 个}}.$$

任给 $m, n \in \mathbb{Z}$, 易见有 $a^m a^n = a^{m+n}$ 且 $(a^m)^n = a^{mn}$.

每个元素都可逆的幺半群叫做**群** (group).

非空集 G 按它的二元运算 $\circ$ 形成群, 当且仅当它满足下面四个条件:

(i) G 对运算 $\circ$ 封闭, 即 $a, b \in G \Rightarrow a \circ b \in G$.

(ii) 运算 $\circ$ 满足结合律: 对任何 $a, b, c \in G$, 有 $(a \circ b) \circ c = a \circ (b \circ c)$.

(iii) G 中有(单位)元 e, 使得对任何 $a \in G$ 有 $e \circ a = a = a \circ e$.

(iv) G 中每个元可逆, 即 $a \in G$ 时有 $b \in G$ 使得 $a \circ b = e = b \circ a$.

集合 X 与 Y 等势(记为 $X \approx Y$)指它们之间有一一对应. $X \approx Y$ 当且仅当 X 与 Y 有相同的基数(cardinality). 公理集合论中基数的概念定义比较复杂, 集合 X 的基数记为 $|X|$, 有穷集的基数就是它的元素个数.

如果群 G 中只有有限个元素, 则称 G 为**有限群** (finite group), 否则称 G 为**无限群** (infinite group). 对于有限群 G, 我们把 G 中元素个数 $|G|$ 叫做 G 的**阶**(order), $|G| = n$ 时称 G 为 n**阶**群.

如果群 G 还满足交换律, 即对任何 $a, b \in G$ 有 $ab = ba$, 则称 G 为 **Abel群** (abelian group) 或**交换群**.

定理2.3. 半群 G 按照它的运算形成群当且仅当它满足下述可除性条件: 对任何 $a, b \in G$, 方程 $ax = b$ 与 $ya = b$ 在 G 中都有解.

证明: G 为群时, 取 $x = a^{-1}b$ (b 左除 a) 则

$$ax = a(a^{-1}b) = (aa^{-1})b = eb = b,$$

取 $y = ba^{-1}$ (b 右除 a) 则

$$ya = (ba^{-1})a = b(a^{-1}a) = be = b.$$

现在假定半群G满足可除性条件,我们来证G为群. 取定$a \in G$, 有$e \in G$使得$ea = a$. 任给$b \in G$, 有$x \in G$使得$ax = b$, 从而

$$eb = e(ax) = (ea)x = ax = b.$$

依可除性条件, 有$c, d \in G$使$bc = e = db$. 于是

$$e = db = d(eb) = d(bc)b = (db)(cb) = e(cb) = cb$$

且$be = b(cb) = (bc)b = eb = b$. 因此$e$为半群$G$的单位元, 且$c$为$b$的逆元. 这就说明了$G$为群.

定理2.4. (i) 设G为群, 则G中有消去律, 即对任何$a, x, y \in G$有

$$ax = ay \Rightarrow x = y \quad 且 \quad xa = ya \Rightarrow x = y.$$

(ii) 设有限半群G具有消去律,则G必为群.

证明: (i) 显然

$$ax = ay \iff a^{-1}ax = a^{-1}ay \iff x = y.$$

类似地,

$$xa = ya \iff xaa^{-1} = yaa^{-1} \iff x = y.$$

(ii) 任给$a \in G$, 由消去律诸ax $(x \in G)$两两不同. 而G有限, 故$\{ax : x \in G\} = G$. 因此$b \in G$时有$x \in G$使得$ax = b$. 类似地, $\{xa : x \in G\} = G$. 因而$b \in G$时有$y \in G$使得$ya = b$.

由上半群G满足可除性条件, 从而依定理2.3知G为群.

自然数集N是个无穷集, 虽然它按加法形成具有消去律的半群, 但它不是群.

§1.3 群的例子

【例3.1】$\mathbb{Q}^* = \{非零有理数\}$依数的乘法形成Abel群, 数1为其单位元, $a \in \mathbb{Q}^*$的逆元a^{-1}就是a的倒数$\frac{1}{a}$. 类似地,

$$\mathbb{R}^* = \{非零实数\} \quad 与 \quad \mathbb{C}^* = \{非零复数\}$$

依数的乘法也形成Abel群.

【例3.2】复数域$\mathbb{C}$中全体n次单位根构成的集合

$$C_n = \left\{ z \in \mathbb{C} : z^n = 1 \right\} = \left\{ \mathrm{e}^{2\pi i r/n} = \cos\left(2\pi \frac{r}{n}\right) + i\sin\left(2\pi \frac{r}{n}\right) : r = 0, \cdots, n-1 \right\}$$

依数的乘法形成n阶Abel群. 特别地,

$$C_1 = \{1\}, \quad C_2 = \{\pm 1\}, \quad C_3 = \{1, \omega, \omega^2\}, \quad C_4 = \{\pm 1, \pm i\}.$$

【例3.3】设d为正整数但不是完全平方, 方程$x^2 - dy^2 = 1\,(x, y \in \mathbb{Z})$叫做**Pell(佩尔)方程**.

$$G_d = \{x + y\sqrt{d} : x, y \in \mathbb{Z} \text{ 且 } x^2 - dy^2 = 1\}$$

按数的乘法形成**Abel群**. 当$x + y\sqrt{d} \in G_d$时,

$$\frac{1}{x + y\sqrt{d}} = x - y\sqrt{d} \in G_d.$$

G_d对乘法封闭, 是因为

$$(u + v\sqrt{d})(x + y\sqrt{d}) = (ux + dvy) + (uy + vx)\sqrt{d}$$

而且

$$(ux + dvy)^2 - d(uy + vx)^2 = (u^2 - dv^2)(x^2 - dy^2).$$

【例3.4】n阶实方阵A在其行列式$\det A$非零时为可逆矩阵.

$$\mathrm{GL}_n(\mathbb{R}) = \{n\text{阶实方阵}A : \det A \neq 0\}$$

与

$$\mathrm{SL}_n(\mathbb{R}) = \{n\text{阶实方阵}A : \det A = 1\}$$

依矩阵的乘法都形成群, 分别叫实数域$\mathbb{R}$上**一般线性群** (generalized linear group)与**特殊线性群** (special linear group).

【例3.5】设n为正整数,则

$$\mathrm{SU}(n) = \{A \in \mathrm{SL}_n(\mathbb{C}) : \bar{A}A^T = A^T\bar{A} = I_n\}$$

按照矩阵乘法形成群, 其中$\bar{A}$表示A中每一项取共轭后所得的矩阵, A^T为矩阵A的转置. $\mathrm{SU}(n)$叫做**特殊酉群**(special unitary group), 在物理学的规范场论中起了重要的作用.

【例3.6】实数区间I上全体连续的实函数按函数加法($f+g$在$x \in I$处的值定义为$f(x)+g(x)$)构成Abel群. 区间I上零函数$O(x)=0$为连续函数, 它是这个Abel群的加法单位元(零元).

【例3.7】任给正整数m,

$$mZ = \{mx : x \in \mathbb{Z}\}$$

按整数的加法形成Abel群, 整数0为其加法单位元(零元). 特别地, $\mathbb{Z} = 1\mathbb{Z}$按加法形成Abel群, 这个群通常叫做**整数加群**.

非空集合X上关系$\sim$为X上**等价关系**(equivalence relation)指它满足

(i) 自反性: 对任何$x \in X$有$x \sim x$,

(ii) 对称性: 对任何$x, y \in X$有$x \sim y \Rightarrow y \sim x$,

(iii) 传递性: 对任何$x, y, z \in X$有$x \sim y \sim z \Rightarrow x \sim z$.

当$\sim$为非空集X上等价关系时, $x \in X$所在的等价类指$\{y \in X : x \sim y\}$, 不同的等价类无公共元素, 集合X可写成所有不同等价类的并.

非空集X的分划(把X表示成若干个不相交非空集的并)与X上的等价关系相对应.

设m为正整数. 对于$a, b \in \mathbb{Z}$, 如果存在整数q使得$a - b = mq$, 我们就说a与b模m**同余**, 记为$a \equiv b \pmod{m}$ (m叫此同余式的模(modulus)). 易见模m同余关系是整数集$\mathbb{Z}$上等价关系, $a \in \mathbb{Z}$所在的等价类为

$$\bar{a} = a + m\mathbb{Z} = \{x \in \mathbb{Z} : x \equiv a \pmod{m}\},$$

我们称之为a所在的**模m剩余类**(residue class).

设m为正整数. 两个模m同余式左右两边可分别相加、相减或相乘. 如果$a \equiv b \pmod{m}$且$c \equiv d \pmod{m}$, 则

$$a \pm c \equiv b \pm d \pmod{m} \text{ 且 } ac \equiv bd \pmod{m},$$

这是因为

$$a \pm c - (b \pm d) = (a-b) \pm (c-d) \in m\mathbb{Z},$$
$$ac - bd = (a-b)c + b(c-d) \in m\mathbb{Z}.$$

【例3.8】任给正整数m, 在集合

$$\mathbb{Z}/m\mathbb{Z} = \{\bar{a} = a + m\mathbb{Z} : a \in \mathbb{Z}\} = \{\bar{0}, \bar{1}, \cdots, \overline{m-1}\}$$

上, 我们定义加法与乘法如下:

$$\bar{a} + \bar{b} = \overline{a+b}, \ \bar{a}\bar{b} = \overline{ab}.$$

这样定义是合理的(well defined), 事实上, 如果 $\bar{a} = \bar{c}$ 且 $\bar{b} = \bar{d}$, 则 $a \equiv c \pmod{m}$ 且 $b \equiv d \pmod{m}$, 于是

$$a + b \equiv c + d \pmod{m} \quad \text{且} \quad ab \equiv cd \pmod{m},$$

即 $\overline{a+b} = \overline{c+d}$ 且 $\overline{ab} = \overline{cd}$. $\mathbb{Z}/m\mathbb{Z}$ 依剩余类的加法形成 m 阶 Abel 群, 加法单位元为 $\bar{0} = m\mathbb{Z}$. 例如, 加法结合律成立是因为

$$(\bar{a} + \bar{b}) + \bar{c} = \overline{a+b} + \bar{c} = \overline{(a+b)+c} = \overline{a+(b+c)} = \bar{a} + (\bar{b} + \bar{c}).$$

显然 $\mathbb{Z}/m\mathbb{Z}$ 依乘法形成交换幺半群, $\bar{1} = 1 + m\mathbb{Z}$ 为其单位元.

设 f 是集合 X 到集合 Y 的映射. 如果对任何 $x_1, x_2 \in X$ 都有

$$f(x_1) = f(x_2) \Rightarrow x_1 = x_2,$$

我们就说映射 $f: X \to Y$ 是**单射**(injective mapping). 如果 $\{f(x) : x \in X\} = Y$, 我们就说 $f: X \to Y$ 是**满射**(surjective mapping). $f: X \to Y$ 既是单射又是满射时, 称 f 为 X 到 Y 的**双射**(bijection)或**一一对应**(one-to-one correspondence).

【例3.9】设 X 为非空集, X 到它自身的双射叫 X 上**置换**(permutation). 所有 X 上置换按照映射的复合构成群, 其单位元是 X 上恒等映射 $I_X : x \mapsto x$. 我们把这个群叫做 X 上**对称群** (symmetric group), 记为 $S(X)$. X 为 n 元集 $\{x_1, \cdots, x_n\}$ 时, $\sigma \in S(X)$ 常表示成下述形式:

$$\sigma = \begin{pmatrix} x_1 & x_2 & \cdots & x_n \\ y_1 & y_2 & \cdots & y_n \end{pmatrix},$$

其中 $y_i = \sigma(x_i)$ $(i = 1, \cdots, n)$. n 元集 $X = \{x_1, \cdots, x_n\}$ 上一个置换相应于 $x_1, \cdots, x_n$ 的一个全排列. $|X| = n$ 时 $|S(X)| = n!$.

对于正整数 n, 对称群 $S(\{1, \cdots, n\})$ 简记成 S_n. S_3 有 $3! = 6$ 个元素, 它们是

$$I = \begin{pmatrix} 1 & 2 & 3 \\ 1 & 2 & 3 \end{pmatrix}, \quad \sigma = \begin{pmatrix} 1 & 2 & 3 \\ 1 & 3 & 2 \end{pmatrix}, \quad \tau = \begin{pmatrix} 1 & 2 & 3 \\ 3 & 2 & 1 \end{pmatrix},$$

$$\rho = \begin{pmatrix} 1 & 2 & 3 \\ 2 & 1 & 3 \end{pmatrix}, \quad \lambda = \begin{pmatrix} 1 & 2 & 3 \\ 2 & 3 & 1 \end{pmatrix}, \quad \lambda^{-1} = \begin{pmatrix} 1 & 2 & 3 \\ 3 & 1 & 2 \end{pmatrix}.$$

显然 $\sigma^{-1} = \sigma, \tau^{-1} = \tau, \rho^{-1} = \rho$. 此外, $\sigma\tau = \lambda$, 这可如下检验:

$$i: \quad 1 \quad 2 \quad 3$$
$$\tau(i): \quad 3 \quad 2 \quad 1$$
$$\sigma(\tau(i)): \quad 2 \quad 3 \quad 1.$$

注意

$$\tau\sigma = \tau^{-1}\sigma^{-1} = (\sigma\tau)^{-1} = \lambda^{-1} \neq \lambda = \sigma\tau,$$

因此S_3不是Abel群.

【例3.10】考虑二阶复方阵

$$\mathbf{1} = \begin{pmatrix} 1 & 0 \\ 0 & 1 \end{pmatrix}, \mathbf{I} = \begin{pmatrix} 0 & 1 \\ -1 & 0 \end{pmatrix}, \mathbf{J} = \begin{pmatrix} 0 & i \\ i & 0 \end{pmatrix}, \mathbf{K} = \begin{pmatrix} i & 0 \\ 0 & -i \end{pmatrix}.$$

依矩阵乘法, 易见

$$\mathbf{I}^2 = \mathbf{J}^2 = \mathbf{K}^2 = -\mathbf{1}$$

而且

$$\mathbf{IJ} = -\mathbf{JI} = \mathbf{K}, \ \mathbf{JK} = -\mathbf{KJ} = \mathbf{I}, \ \mathbf{KI} = -\mathbf{IK} = \mathbf{J}.$$

由此可见

$$D = \{\pm\mathbf{1}, \pm\mathbf{I}, \pm\mathbf{J}, \pm\mathbf{K}\}$$

形成一个八阶非交换群, 它叫做Hamilton群.

§1.4 子群与陪集

设G按运算$\circ$形成群, H为群G的非空子集. 如果H按照运算$\circ$(在笛卡尔集$H \times H$上限制)也形成群, 则说H为G的**子群**(subgroup), 并记为$H \leqslant G$.

设H为群G的子群, 则H的单位元e_H就是G的单位元e, 这可从等式$e_H e_H = e_H = e e_H$右边消去e_H得到. $a \in H$在H中的逆元a_H^{-1}就是a在G中的逆元a^{-1}, 这可从等式$a a_H^{-1} = e_H = e = a a^{-1}$左边消去$a$得到.

定理4.1 (子群判别定理). 设H为群G的非空子集,则下面几条等价:

(i) $H \leqslant G$,

(ii) H对乘法封闭,对求逆也封闭(即$a \in H$时必有$a^{-1} \in H$),

(iii) H对右除法封闭, 即$a, b \in H$时$ab^{-1} \in H$.

证明: (i)$\Rightarrow$(ii): 这是显然的.

(ii)$\Rightarrow$(iii): $a, b \in H \Rightarrow a, b^{-1} \in H \Rightarrow ab^{-1} \in H$.

(iii)⇒(i): 任取$a \in H$, 由(iii)知$e = aa^{-1} \in H$且$a^{-1} = ea^{-1} \in H$. 当$h \in H$时$ha = h(a^{-1})^{-1} \in H$. 可见$H \leqslant G$.

综上, 定理4.1得证.

要验证群G的某个子集H为G的子群, 一般先验证$e \in H$(从而$H \neq \emptyset$), 再验证H对右除法封闭.

【例4.1】$\mathbb{Q}^* \leqslant \mathbb{R}^* \leqslant \mathbb{C}^*$, 且$\mathrm{SL}_n(\mathbb{R}) \leqslant \mathrm{GL}_n(\mathbb{R})$.

定理4.2. *群G的若干个子群的交也是G的子群.*

证明: 设诸H_i $(i \in I)$都是G的子群, 这里下标集I非空. 显然$H = \bigcap_{i \in I} H_i$含$G$的单位元$e$.

任给$a, b \in H$, 对每个$i \in I$都有$ab^{-1} \in H_i$(因为$a, b \in H_i$), 从而$ab^{-1} \in H$. 因此$H \leqslant G$.

设G为群.对于$X, Y \subseteq G$, 我们定义

$$X^{-1} = \{x^{-1} : x \in X\}, \quad XY = \{xy : x \in X 且 y \in Y\}.$$

当$X, Y, Z \subseteq G$时, $(X^{-1})^{-1} = X$且$(XY)Z = X(YZ)$.

设$H \leqslant G$. 因H对求逆元封闭, $H = H^{-1}$. 也有$HH = H$, 因为

$$H = \{he : h \in H\} \subseteq HH \subseteq H.$$

定理4.3. *设H与K都是群G的子群, 则*

$$HK \leqslant G \iff HK = KH.$$

证明: ⇒: $KH = K^{-1}H^{-1} = (HK)^{-1} = HK$.

⇐: 显然$e = ee \in HK$. 注意HK对右除法封闭, 因为

$$(HK)(HK)^{-1} = HKK^{-1}H^{-1} = HKKH = HKH$$
$$= H(HK) = HHK = HK.$$

故$HK \leqslant G$.

设G为群, $H \leqslant G$. 对于$a \in G$, 我们让

$$aH = \{ah : h \in H\}, \quad Ha = \{ha : h \in H\},$$

并称aH为a所在的H的**左陪集**(left coset), Ha为a所在的H的**右陪集**(right coset).

对$h \in H$, 让$f(h) = ah$. 依群的消去律知, f是H到aH的单射. 由于f又是H到aH的满射, 我们有$|aH| = |H|$. 类似地, $|Ha| = |H|$.

设$H \leqslant G$. 由H的可除性条件易证$h \in G$时

$$hH = H \iff h \in H \iff Hh = H.$$

对于$a, b \in G$,

$$aH = bH \iff b^{-1}aH = H \iff b^{-1}a \in H,$$
$$Ha = Hb \iff Hab^{-1} = H \iff ab^{-1} \in H.$$

如果$x \in aH \cap bH$, 则$a^{-1}x \in H$且$b^{-1}x \in H$, 从而$aH = xH = bH$. 类似地,

$$Ha \cap Hb \neq \emptyset \Rightarrow Ha = Hb.$$

定理4.4. *设H为群G的子群,则*

$$|\{aH : a \in G\}| = |\{Ha : a \in G\}|.$$

证明: 我们定义从$S = \{aH : a \in G\}$到$T = \{Ha : a \in G\}$的映射f如下:

$$f(aH) = (aH)^{-1} = H^{-1}a^{-1} = Ha^{-1} \in T.$$

$f : S \to T$显然是满射. f也是单射, 因为

$$f(aH) = f(bH) \Rightarrow (aH)^{-1} = (bH)^{-1} \Rightarrow aH = bH.$$

当$H \leqslant G$时, $|\{aH : a \in G\}| = |\{Ha : a \in G\}|$叫做$H$在$G$中的**指标**(index), 记为$[G : H]$.

设$H \leqslant G$. H在G中所有不同的左陪集两两不相交, 它们的并正好是G. 把G写成不同的H左陪集的并叫做G按子群H进行**左陪集分解**(left coset decomposition). G也可按子群H进行右陪集分解.

定理4.5 (Lagrange定理). *设H为有限群G的子群, 则$|H|$整除$|G|$, 而且$[G : H] = \frac{|G|}{|H|}$.*

证明：设$[G : H] = k$. 群G可按H进行左陪集分解：$G = a_1 H \cup \cdots \cup a_k H$, 这里$a_1 H, \cdots, a_k H$两两不同, 从而它们两两不相交. 由于$|a_i H| = |H|$ $(i = 1, \cdots, k)$, 我们得到$|G| = k|H|$. 证毕.

【例4.2】设G由四个不同元素e, a, b, c构成, 在其上定义乘法运算使得e为其单位元, 而且

$$a^2 = b^2 = c^2 = e,$$

$$ab = ba = c, \ bc = cb = a, \ ca = ac = b.$$

易见G形成四阶Abel群, 此群叫做**Klein四元群**(Klein quaternion group). G的子群$H = \{e, a\}$的四个左陪集如下：

$$eH = \{e, ea\} = H, \ aH = \{ae, a^2\} = H,$$

$$bH = \{b, ba\} = \{b, c\}, \ cH = \{c, ca\} = \{b, c\}.$$

$H \cup bH$为G的左陪集分解, $[G : H] = 2 = \frac{|G|}{|H|}$.

§1.5 子群指标的性质与应用

回忆一下, 群G子群H的指标$[G : H]$指

$$|\{H在G中左陪集\}| = |\{H在G中右陪集\}|.$$

定理5.1. 设$K \leqslant H \leqslant G$且$[G : H]$与$[H : K]$均有穷, 则

$$[G : H][H : K] = [G : K].$$

证明：先将G按照H进行左陪集分解：

$$G = \bigcup_{i=1}^{m} a_i H, \ 这里 m = [G : H].$$

再把H按照K进行左陪集分解：

$$H = \bigcup_{j=1}^{n} b_j K, \ 其中 n = [H : K].$$

易见诸$a_i b_j K$ $(1 \leqslant i \leqslant m,\ 1 \leqslant j \leqslant n)$两两不相交, 于是

$$G = \bigcup_{i=1}^{m} \bigcup_{j=1}^{n} a_i b_j K$$

是G按照K的左陪集分解. 因此

$$[G:K] = mn = [G:H][H:K].$$

定理5.2. 设H与K都是群G的子群,则

$$|\{Hg : g \in G \text{且} Hg \subseteq HK\}| = [K : H \cap K].$$

特别地, $[G:H]$有穷时, $[K:H \cap K]$也有穷且

$$[K : H \cap K] \leqslant [G:H].$$

证明: 如果$Hg \subseteq HK$, 则$g = eg \in Hg \subseteq HK$, 于是有$h \in H$与$k \in K$使得$g = hk$, 从而$Hg = Hhk = Hk$.

对于$k_1, k_2 \in K$, 我们有

$$Hk_1 = Hk_2$$
$$\Longleftrightarrow Hk_1 k_2^{-1} = H$$
$$\Longleftrightarrow k_1 k_2^{-1} \in H$$
$$\Longleftrightarrow k_1 k_2^{-1} \in H \cap K$$
$$\Longleftrightarrow (H \cap K)k_1 = (H \cap K)k_2.$$

因此

$$|\{Hg : g \in G \text{且} Hg \subseteq HK\}|$$
$$= |\{Hk : k \in K\}|$$
$$= |\{(H \cap K)k : k \in K\}|$$
$$= [K : H \cap K].$$

定理5.3 (Poincare定理)**.** 如果$H_1, \cdots, H_n$都是群G的指标有穷的子群, 则$H_1 \cap \cdots \cap H_n$ 在G 中指标也有穷, 而且

$$\left[G : \bigcap_{i=1}^{n} H_i \right] \leqslant \prod_{i=1}^{n} [G : H_i].$$

证明: 我们对n进行归纳. 当$n = 1$时, 显然有所要结论.

下设$n > 1$并且结论对$n - 1$正确. 任给群G的n个指标有穷的子群$H_1, \cdots, H_n$, 依归纳假设$H = \bigcap_{i=1}^{n-1} H_i$在$G$中指标有穷, 且$[G : H] \leqslant \prod_{i=1}^{n-1} [G : H_i]$. 于是

$$\begin{aligned} \left[G : \bigcap_{i=1}^{n} H_i \right] &= [G : H \cap H_n] \\ &= [G : H_n][H_n : H \cap H_n] \\ &\leqslant [G : H_n][G : H] \quad \text{(由定理5.2)} \\ &\leqslant [G : H_n] \prod_{i=1}^{n-1} [G : H_i] = \prod_{i=1}^{n} [G : H_i]. \end{aligned}$$

定理5.3归纳证毕.

定理5.4. 设G为n阶群, 则对任何$a \in G$有$a^n = e$.

证明: 显然, $H = \{ a^m : m \in \mathbb{Z} \}$为$G$的Abel子群. 依Lagrange定理$a^n = (a^{|H|})^{[G:H]}$, 故只需证$a^{|H|} = e$.

设$a_1, \cdots, a_k$为H的全部不同元素, 则$aa_1, \cdots, aa_k$两两不同, 从而它们也是H的所有元素. 而H为Abel群, 故

$$ea_1 \cdots a_k = a_1 \cdots a_k = \prod_{h \in H} h = (aa_1) \cdots (aa_k) = a^k a_1 \cdots, a_k.$$

应用H中消去律, 便得$a^{|H|} = a^k = e$. 证毕.

设m为正整数. 如果整数a与m没有大于1的公共因子, 我们就说a与m**互素** (coprime). 对$q \in \mathbb{Z}$, 显然$a + mq$与m互素当且仅当a与m互素.

对于正整数m, 让$\varphi(m)$表示$1, \cdots, m$中与m互素的数个数. 函数φ叫做**Euler函数** (Euler's totient function).

例如: $1, \cdots, 6$中只有1和5与6互素, 故$\varphi(6) = 2$.

任给正整数 m,

$$U_m = \{\bar{a} = a + m\mathbb{Z} : a \in \mathbb{Z} \text{ 且 } a \text{ 与 } m \text{ 互素}\}$$

依剩余类的乘法形成交换半群, 显然 $|U_m| = \varphi(m)$.

有限半群 U_m 为 $\varphi(m)$ 阶 Abel 群, 因为它具有消去律. 当整数 a, x, y 都与 m 互素时,

$$\bar{a}\bar{x} = \bar{a}\bar{y} \Rightarrow ax \equiv ay \pmod{m}, \text{ 即 } m \mid a(x - y)$$
$$\Rightarrow m \mid (x - y) \text{ (由于 } a \text{ 与 } m \text{ 互素)}$$
$$\Rightarrow \bar{x} = \bar{y}.$$

定理5.5 (Euler 定理). 对任何与正整数 m 互素的整数 a, 有

$$a^{\varphi(m)} \equiv 1 \pmod{m}.$$

证明: $U_m = \{\bar{a} = a + m\mathbb{Z} : a \in \mathbb{Z}, a \text{ 与 } m \text{ 互素}\}$ 为 $\varphi(m)$ 阶 Abel 群. 任给与 m 互素的整数 a, 由于 $\bar{a} \in U_m$ 有 $\bar{a}^{\varphi(m)} = \bar{1}$, 于是

$$\overline{a^{\varphi(m)}} = \bar{1}, \quad \text{即 } a^{\varphi(m)} \equiv 1 \pmod{m}.$$

定理5.6 (Fermat 小定理). 设 p 为素数, 则对任何 $a \in \mathbb{Z}$ 有 $a^p \equiv a \pmod{p}$, 亦即整数 a 不被 p 整除时 $a^{p-1} \equiv 1 \pmod{p}$.

证明: 当 $p \mid a$ 时, $a^p - a = a(a^{p-1} - 1) \equiv 0 \pmod{p}$.

下设 $p \nmid a$. 由于 p 为素数, a 与 p 互素. 依 Euler 定理, $a^{\varphi(p)} \equiv 1 \pmod{p}$. 注意 $\varphi(p) = p - 1$, 因为 $1, \cdots, p-1$ 都与 p 互素. 故 $a^{p-1} \equiv 1 \pmod{p}$, 从而 $a^p \equiv a \pmod{p}$.

Fermat 小定理原由 Fermat 猜出, Euler 给出证明并将之推广成 Euler 定理, 这些发生在群概念诞生之前.

L. Euler (欧拉, 1707–1783)   P. Fermat (费马, 1601–1665)

§1.6 元素的阶与循环群

设 a 为群 G 的元素. 如果有正整数 n 使得 $a^n = e$, 则称最小的这样的正整数 n 为 a 的**阶** (order). 如果 $a, a^2, a^3, \cdots$ 都不等于 e, 我们就说 a 的阶为无穷. 我们用 $o(a)$ 表示 a 的阶.

a 的阶为无穷时,

$$\cdots, a^{-2}, a^{-1}, a^0, a, a^2, \cdots$$

两两不同, 因为 $k, m \in \mathbb{Z}$ 时

$$a^k = a^m \iff a^{k-m} = e \iff a^{|k-m|} = e \iff k = m.$$

假设群 G 中元 a 的阶为正整数 n. 对于 $k, m \in \mathbb{Z}$, 写 $k - m = nq + r$ (其中 $q, r \in \mathbb{Z}$ 且 $0 \leqslant r \leqslant n-1$), 则

$$a^k = a^m \ (\text{即} \ a^{k-m} = e) \iff a^r = (a^n)^q a^r = e$$
$$\iff r = 0, \text{即} \ k \equiv m \ (\text{mod} \ n).$$

特别地, $a^k = e = a^0$ 当且仅当 $n \mid k$. 集合 $\{a^m : m \in \mathbb{Z}\}$ 只有 n 个不同元素 a^r ($0 \leqslant r \leqslant n-1$).

定理6.1. 设群 G 中元 a 的阶为正整数 n, 则对任何 $m \in \mathbb{Z}$ 有 $o(a^m) = \frac{n}{(m,n)}$, 这里 (m,n) 表示 m 与 n 的最大公因数.

证明: 对于整数 k,

$$(a^m)^k = a^{mk} = e \iff n \mid mk$$
$$\iff \frac{n}{(m,n)} \ \Big| \ \frac{m}{(m,n)} k$$
$$\iff \frac{n}{(m,n)} \ \Big| \ k \quad \left(\text{因为} \ \frac{m}{(m,n)} \ \text{与} \ \frac{n}{(m,n)} \ \text{互素}\right).$$

故 $o(a^m) = \frac{n}{(m,n)}$.

对群 G 的非空子集 X, **由 X 生成的 G 的子群**指

$$\langle X \rangle = \bigcap_{X \subseteq H \leqslant G} H,$$

这是包含 X 的 G 的最小子群. 易见,

$$\langle X \rangle = \{x_1^{m_1} \cdots x_k^{m_k} : k \in \mathbb{Z}^+, \ x_1, \cdots, x_k \in X \ \text{且} \ m_1, \cdots, m_k \in \mathbb{Z}\}.$$

$X = \{a_1, \cdots, a_n\}$ 时一般直接用 $\langle a_1, \cdots, a_n \rangle$ 表示 $\langle X \rangle$.

群 G 为**循环群** (cyclic group) 指存在 $a \in G$ 使得 $G = \langle a \rangle = \{a^m : m \in \mathbb{Z}\}$, 这样的 a 叫循环群 G 的**生成元** (generator).

如果 $G = \langle a \rangle$ 为无穷循环群, 则 $o(a)$ 为无穷, 且诸 a^k $(k \in \mathbb{Z})$ 两两不同.

【例6.1】任给正整数 m, 加法群 $m\mathbb{Z}$ 为无穷循环群, m 为其生成元. 特别地, 整数加群 $\mathbb{Z}$ 是由 1 生成的无穷循环群.

如果 $G = \langle a \rangle$ 为有限循环群, 则 $o(a)$ 是个正整数 n, 并且 G 恰有 n 个不同元 a^r $(r = 0, \cdots, n-1)$.

【例6.2】任给正整数 n, 乘法群

$$C_n = \{z \in \mathbb{C} : z^n = 1\} = \{\mathrm{e}^{2\pi i \frac{r}{n}} : r = 0, \cdots, n-1\}$$

为 n 阶循环群, $\mathrm{e}^{2\pi i/n}$ 就是个生成元. 特别地, $C_3 = \langle \omega \rangle$ 且 $C_4 = \langle i \rangle$.

引理6.1. 循环群的子群仍为循环群.

证明: 设 $H \leqslant G = \langle a \rangle$. 如果 $H = \{e\}$, 自然有 $H = \langle e \rangle$.

下设 H 中有非单位元, 于是有正整数 n 使得 $a^n \in H$ (注意: $a^{-n} \in H \Rightarrow a^n \in H$). 令 $d = \min\{n \in \mathbb{Z}^+ : a^n \in H\}$, 则 $\langle a^d \rangle \subseteq H$.

H 被包含于 $G = \{a^m : m \in \mathbb{Z}\}$ 中. 如果 $a^m \in H$ 且 $m = dq + r$ (其中 $q, r \in \mathbb{Z}$ 且 $0 \leqslant r < d$), 则 $a^r = a^m (a^d)^{-q} \in H$, 从而 $r = 0$, $a^m = a^{dq} \in \langle a^d \rangle$.

由上, H 正是循环群 $\langle a^d \rangle$.

定理6.2. 无穷循环群 $G = \langle a \rangle$ 的所有不同子群为

$$H_n = \langle a^n \rangle \quad (n = 0, 1, 2, \cdots),$$

其中 $H_1, H_2, H_3, \cdots$ 均为无穷循环群.

证明: 显然 $H_0 = \{e\}$ 为 G 的一阶循环子群. 由于诸 a^k $(k \in \mathbb{Z})$ 两两不同, $n \in \mathbb{Z}^+$ 时 H_n 为 G 的无穷循环子群. 诸 H_n $(n = 0, 1, 2, \cdots)$ 两两不同, 因为 $\min\{k \in \mathbb{Z}^+ : a^k \in H_n\}$ 等于 n.

任给 $H \leqslant G$, 由引理6.1知, 有 $m \in \mathbb{Z}$ 使得 $H = \langle a^m \rangle$. 令 $n = |m|$, 则 $H = \langle a^n \rangle = H_n$.

定理6.3. 设 $G = \langle a \rangle$ 为 n 阶循环群, d 为正整数. $d \nmid n$ 时, G 无 d 阶子群; $d \mid n$ 时, $H_d = \langle a^{n/d} \rangle$ 为 G 唯一的 d 阶子群.

证明：$d \nmid n$ 时,依Lagrange定理知G没有d阶子群.

下设$d \mid n$. 易见$o(a^{n/d}) = d$, 故H_d为G的d阶子群.

任给G的d阶子群H, 由引理6.1有$m \in \mathbb{Z}$使得$H = \langle a^m \rangle$. 应用定理5.4知, $a^{md} = (a^m)^d = e$, 故$n \mid md$. 于是$\frac{n}{d} \mid m$, 从而$H \subseteq \langle a^{n/d} \rangle = H_d$. 而$|H| = d = |H_d|$, 故必$H = H_d$.

定理6.4. 设G为p^n阶群, 这里p为素数且$n \in \mathbb{Z}^+$. 那么, G必含p阶元.

证明：任取$a \in G \setminus \{e\}$, 依Lagrange定理知, $o(a) = |\langle a \rangle|$整除$|G| = p^n$. 于是有$1 \leqslant m \leqslant n$使得$o(a) = p^m$. 显然$a^{p^{m-1}}$的阶为$p$.

定理6.4在$n = 1$时给出如下推论.

推论6.1. 素数阶群必为循环群.

任给正整数n, 显然

$$\mathbb{Z}_n = \mathbb{Z}/n\mathbb{Z} = \{\bar{a} = a + n\mathbb{Z} : a \in \mathbb{Z}\}$$

是个n阶加法循环群, 其中$\bar{1} = 1 + n\mathbb{Z}$为其生成元. 虽然$n$阶循环群结构简单, 但与之相关的一些组合问题仍未解决. 例如, 下面的Sneveily猜想仅在$k \leqslant \frac{n+1}{2}$时被证明, 参见A. E. Kézdy与H. S. Snevily发表于Combin. Probab. Comput. [11 (2002)]的论文.

猜想 (H. S. Snevily, Amer. Math. Monthly, 1999). 任给$a_1, \cdots, a_k \in \mathbb{Z}$ 以及大于k的整数n, 必有$\sigma \in S_k$使得诸

$$a_1 + \sigma(1), \cdots, a_k + \sigma(k)$$

模n两两不同余.

§1.7 正规子群与商群

设H为群G的子群.对于$a, b \in G$, 如果$aH = Hb$, 则因$a \in Hb$有$Ha = Hb = aH$.
对$g \in G$易见

$$gHg^{-1} = \{ghg^{-1} : h \in H\} \leqslant G,$$

这个子群叫做**与H共轭**的G的子群. 如果对任何$g \in G$都有$gH = Hg$ (即$gHg^{-1} = H$), 则称H为G的**正规子群** (normal subgroup), 也说H在G中正规, 记为$H \unlhd G$.

【例7.1】群G的最小子群$\{e\}$与最大子群G都是G的正规子群. G为Abel群时, G的所有子群都在G中正规.

定理7.1. *设H为群G的子群, 则下面三条相互等价:*

(1) $H \trianglelefteq G$;

(2) 对任何的$g \in G$与$h \in H$有$ghg^{-1} \in H$;

(3) $a,b \in G$时$(aH)(bH)$是H的左陪集.

证明: $(1) \Rightarrow (3)$: $aHbH = a(bH)H = abHH = abH$.

$(3) \Rightarrow (2)$: 对$g \in G$, 由(3)有$x \in H$使$gHg^{-1}H = xH$. 由于$e = geg^{-1}e \in gHg^{-1}H = xH$, 我们有$gHg^{-1}H = eH = H$. 如果$h \in H$, 则

$$ghg^{-1} = ghg^{-1}e \in gHg^{-1}H = H.$$

$(2) \Rightarrow (1)$: 任给$g \in G$, 由(2)知$gHg^{-1} \subseteq H$, 亦即$gH \subseteq Hg$. 类似地, $g^{-1}H \subseteq Hg^{-1}$, 即$Hg \subseteq gH$. 故$gH = Hg$. 可见$H \trianglelefteq G$.

由上, $(1),(2),(3)$相互等价, 定理7.1证毕.

对于$H \leqslant G$, 要检验H是否在G中正规时, 一般检查是否对任何$g \in G$与$h \in H$都有$ghg^{-1} \in H$.

【例7.2】$\mathrm{SL}_n(\mathbb{R}) \trianglelefteq \mathrm{GL}_n(\mathbb{R})$. 对$P \in \mathrm{GL}_n(\mathbb{R})$与$A \in \mathrm{SL}_n(\mathbb{R})$, 有$PAP^{-1} \in \mathrm{SL}_n(\mathbb{R})$, 因为

$$|PAP^{-1}| = |P| \cdot |A| \cdot |P^{-1}| = |A| = 1.$$

定理7.2. *设$H \leqslant G$, 则$H_G = \bigcap\limits_{g \in G} gHg^{-1}$是被包含在$H$中的$G$的最大正规子群(它叫$H$在$G$中的**正规核**(core)).*

证明: 由于诸gHg^{-1} $(g \in G)$为G的子群, 它们的交H_G也是G的子群. 显然$H_G \subseteq eHe^{-1} = H$.

任给$a,b \in G$与$x \in H_G$, 我们有

$$x \in (a^{-1}b)H(a^{-1}b)^{-1} = a^{-1}bHb^{-1}a,$$

从而$axa^{-1} \in bHb^{-1}$. 故$H_G \trianglelefteq G$.

如果$K \subseteq H$且$K \trianglelefteq G$, 则$g \in G$时$K = gKg^{-1} \subseteq gHg^{-1}$, 从而$K \subseteq H_G$.

定理7.3. *设诸$H_i\,(i \in I)$都是群G的正规子群, 这里I为非空集. 则$H = \bigcap\limits_{i \in I} H_i$也是$G$的正规子群.*

证明：由前 $H \leqslant G$. 任给 $g \in G$ 与 $h \in H$, 对每个 $i \in I$ 有 $ghg^{-1} \in H_i$ (因 $h \in H_i$ 且 $H_i \unlhd G$), 从而 $ghg^{-1} \in H$. 故 $H \unlhd G$.

还容易证明下面两条性质:

(i) $H \leqslant K \leqslant G$ 时, $H \unlhd G \Rightarrow H \unlhd K$.

(ii) $H \unlhd G$ 且 $K \leqslant G$ 时, $HK = KH \leqslant G$.

定理7.4. 设 H 为群 G 的正规子群, 则

$$G/H = \{\bar{g} = gH : g \in G\}$$

依陪集的乘法(即 $aHbH = abH$)形成群.

证明：对于 $a, b, c \in G$, 我们有

$$(\bar{a}\bar{b})\bar{c} = \overline{ab}\bar{c} = \overline{(ab)c} = \overline{a(bc)} = \bar{a}(\bar{b}\bar{c}).$$

又 $\bar{e}\bar{a} = \overline{ea} = \bar{a} = \overline{ae} = \bar{a}\bar{e}$, 故 G/H 为幺半群, $\bar{e} = H$ 为其单位元.

任给 $a \in G, \bar{a} \in G/H$ 有逆元 $\overline{a^{-1}}$, 因为

$$\bar{a}\overline{a^{-1}} = \overline{aa^{-1}} = \bar{e} = \overline{a^{-1}a} = \overline{a^{-1}}\bar{a}.$$

综上, G/H 确为群.

$H \unlhd G$ 时, 我们把群 G/H 称为 G 按正规子群 H 作成的**商群** (quotient group).

对于加法 Abel 群 G, 一般把其加法单位元记为 0, 叫做**零元** (zero element). $a \in G$ 的加法逆元记为 $-a$, 叫做 a 的**负元**. 注意:

$$a + 0 = a, \quad a + (-a) = 0.$$

【例7.3】设 m 为正整数, $m\mathbb{Z}$ 为整数加群 $\mathbb{Z}$ 的正规子群. 我们以前定义的加法群

$$\mathbb{Z}/m\mathbb{Z} = \{\bar{a} = a + m\mathbb{Z} : a \in \mathbb{Z}\}$$

正是加法 Abel 群 $\mathbb{Z}$ 按其(正规)子群 $m\mathbb{Z}$ 作成的商群, $\bar{0} = m\mathbb{Z}$ 为其加法单位元(零元).

§1.8 群的同态与同构

设 σ 是从群 G 到群 $\bar{G}$ 的映射. 如果对任何的 $a, b \in G$ 有

$$\sigma(ab) = \sigma(a)\sigma(b),$$

我们就说 σ 是群 G 到 $\bar{G}$ 的**同态** (homomorphism), 并把

$$\mathrm{Im}(\sigma) = \sigma(G) = \{\sigma(a) : a \in G\}$$

称为 σ 的**同态像** (image),

$$\mathrm{Ker}(\sigma) = \sigma^{-1}(\bar{e}) = \{a \in G : \sigma(a) = \bar{e}\}$$

叫做 σ 的**同态核** (kernel), 这里 $\bar{e}$ 为 $\bar{G}$ 的单位元.

【例8.1】对 $x \in \mathbb{R}^* = \{$非零实数$\}$, 让 $\sigma(x) = |x| > 0$. 则 σ 是乘法群 $\mathbb{R}^*$ 到 $\mathbb{R}^+ = \{$正实数$\}$ 的同态, $\mathrm{Im}(\sigma) = \mathbb{R}^+$ 并且 $\mathrm{Ker}(\sigma) = \{\pm 1\}$.

【例8.2】对 $A \in \mathrm{GL}_n(\mathbb{R})$, 定义 $\sigma(A) = \det A = |A|$. 则 σ 是一般线性群 $\mathrm{GL}_n(\mathbb{R})$ 到乘法群 $\mathbb{R}^*$ 的同态, $\mathrm{Im}(\sigma) = \mathbb{R}^*$ (读者思考下为什么) 并且

$$\mathrm{Ker}(\sigma) = \{A \in \mathrm{GL}_n(\mathbb{R}) : |A| = 1\} = \mathrm{SL}_n(\mathbb{R}).$$

定理8.1. 设 σ 是群 G 到群 $\bar{G}$ 的同态.

(i) σ 把 G 的单位元 e 映到 $\bar{G}$ 的单位元 $\bar{e}$.

(ii) $a \in G$ 的逆元的像 $\sigma(a^{-1})$ 就是 a 的像 $\sigma(a)$ 的逆元.

证明: (i) 由于 $\bar{e}\sigma(e) = \sigma(ee) = \sigma(e)\sigma(e)$, 运用 $\bar{G}$ 中消去律得 $\sigma(e) = \bar{e}$.

(ii) 显然

$$\sigma(a)\sigma(a^{-1}) = \sigma(aa^{-1}) = \sigma(e) = \bar{e} = \sigma(a)\sigma(a)^{-1}.$$

运用 $\bar{G}$ 中消去律得 $\sigma(a^{-1}) = \sigma(a)^{-1}$.

【例8.3】设 $H \trianglelefteq G$, 对 $a \in G$ 让 $\sigma(a) = \bar{a} = aH$. 则 σ 是群 G 到商群 G/H 的同态, $\mathrm{Im}(\sigma) = G/H$, 并且

$$\mathrm{Ker}(\sigma) = \{a \in G : aH = eH\} = H.$$

这个同态叫做 G 到 G/H 的**自然同态**, 它把 G 的单位元 e 映到 G/H 的单位元 $\bar{e} = eH$, 把 G 中元 a 的逆元 a^{-1} 映到 a 的像 $\sigma(a) = \bar{a}$ 的逆元 $\bar{a}^{-1} = \overline{a^{-1}}$.

设 σ 是从群 G 到 $\bar{G}$ 的同态. 如果 σ 是单射, 就说 σ 是 G 到 $\bar{G}$ 的单同态. 如果 σ 是满射, 就说 σ 是 G 到 $\bar{G}$ 的满同态. 如果 σ 是双射, 则称 σ 是 G 到 $\bar{G}$ 的**同构** (isomorphisim).

对于群 G 与 $\bar{G}$, 如果存在 G 到 $\bar{G}$ 的同构 σ, 我们就说 G 与 $\bar{G}$ 同构(通过同构映射 σ), 记为 $G \cong \bar{G}$.

设 σ 是群 G 到群 $\bar{G}$ 的同构, 则把 G 中元 a 映到 $\bar{G}$ 中元 $\sigma(a)$ 是 G 到 $\bar{G}$ 的一一对应. 如果 G 中三个元 a, b, c 满足 $ab = c$, 则对应的 $\bar{G}$ 中三个元 $\sigma(a), \sigma(b), \sigma(c)$ 满足 $\sigma(a)\sigma(b) = \sigma(c)$. 因此**相互同构的群从结构上看没有区别, 可视为同一个群.**

【例8.4】(i) 如果 $G = \langle g \rangle$ 与 $H = \langle h \rangle$ 都是无穷循环群, 则 $\sigma : \ g^m \mapsto h^m \ (m \in \mathbb{Z})$ 是 G 到 H 的同构.

(ii) 任给两个 n 阶循环群 $G = \langle g \rangle$ 与 $H = \langle h \rangle$, 易见映射 $\sigma : \ g^m \mapsto h^m \ (m \in \mathbb{Z})$ 是 G 到 H 的同构.

由此例, 无穷循环群都与整数加群 $\mathbb{Z}$ 同构; m 为正整数时, m 阶循环群都同构于加法循环群 $\mathbb{Z}/m\mathbb{Z}$.

【例8.5】$\mathbb{R}^+ = \{x \in \mathbb{R} : \ x > 0\}$ 依实数的乘法形成群. 对 $x \in \mathbb{R}^+$, 让 $\sigma(x) = \ln x$ (x 的自然对数). 显然 $\sigma : \mathbb{R}^+ \to \mathbb{R}$ 为单射, 因为

$$\sigma(x_1) = \sigma(x_2) \Rightarrow e^{\ln x_1} = e^{\ln x_2} \Rightarrow x_1 = x_2.$$

σ 也是满射, 因为对任何 $y \in \mathbb{R}$ 有 $\sigma(e^y) = \ln e^y = y$. 故 σ 是 $\mathbb{R}^+$ 到 $\mathbb{R}$ 的双射. 对 $x_1, x_2 \in \mathbb{R}^+$,

$$\sigma(x_1 x_2) = \ln(x_1 x_2) = \ln x_1 + \ln x_2 = \sigma(x_1) + \sigma(x_2).$$

因此 σ 是乘法群 $\mathbb{R}^+$ 到加法群 $\mathbb{R}$ 的同构.

对数的发明本质上相当于人类意识到乘法群 $\mathbb{R}^+$ 与加法群 $\mathbb{R}$ 同构.

定理8.2 (同态基本定理). 设 σ 是群 G 到群 $\bar{G}$ 的同态, 则

$$\mathrm{Ker}(\sigma) \trianglelefteq G, \ \mathrm{Im}(\sigma) \leqslant \bar{G}, \ 而且 \ G/\mathrm{Ker}(\sigma) \cong \mathrm{Im}(\sigma).$$

证明: 显然 $\bar{e} = \sigma(e) \in \bar{G}$. 对于 $a, b \in G$,

$$\sigma(a)\sigma(b)^{-1} = \sigma(a)\sigma(b^{-1}) = \sigma(ab^{-1}) \in \mathrm{Im}(\sigma).$$

因此 $\mathrm{Im}(\sigma) \leqslant \bar{G}$.

显然 $e \in \mathrm{Ker}(\sigma)$ (因 $\sigma(e) = \bar{e}$). 对于 $a, b \in \mathrm{Ker}(\sigma)$,

$$\sigma(ab^{-1}) = \sigma(a)\sigma(b^{-1}) = \sigma(a)\sigma(b)^{-1} = \bar{e}\bar{e}^{-1} = \bar{e},$$

从而$ab^{-1} \in \mathrm{Ker}(\sigma)$. 因此$\mathrm{Ker}(\sigma) \leqslant G$.

让$H = \mathrm{Ker}\sigma$. 任给$g \in G$与$h \in H$,

$$\sigma(ghg^{-1}) = \sigma(g)\sigma(h)\sigma(g^{-1}) = \sigma(g)\bar{e}\sigma(g)^{-1} = \bar{e},$$

从而$ghg^{-1} \in H$. 故$H = \mathrm{Ker}(\sigma) \trianglelefteq G$.

对任意的$a, b \in G$,

$$aH = bH \ (\text{即}a^{-1}b \in H)$$
$$\Longleftrightarrow \sigma(a)^{-1}\sigma(b) = \sigma(a^{-1}b) = \bar{e}$$
$$\Longleftrightarrow \sigma(a) = \sigma(b).$$

故可定义G/H到$\mathrm{Im}(\sigma)$的双射$\bar{\sigma} : aH \mapsto \sigma(a)$. 对于$a, b \in G$,

$$\bar{\sigma}(aHbH) = \bar{\sigma}(abH) = \sigma(ab) = \sigma(a)\sigma(b) = \bar{\sigma}(aH)\bar{\sigma}(bH).$$

因此$\bar{\sigma}$也是同态, 从而为同构. 故$G/H \cong \mathrm{Im}(\sigma)$.

【例8.6】定义非交换的Hamilton群$D = \{\pm\mathbf{1}, \pm\mathbf{I}, \pm\mathbf{J}, \pm\mathbf{K}\}$ (见例3.10)到交换的Klein四元群$K = \{e, a, b, c\}$的映射σ如下:

$$\sigma(\pm\mathbf{1}) = e, \ \sigma(\pm\mathbf{I}) = a, \ \sigma(\pm\mathbf{J}) = b, \ \sigma(\pm\mathbf{K}) = c.$$

易见这是个满同态, 其同态核为$H = \{\pm\mathbf{1}\}$. 依同态基本定理, $H \trianglelefteq D$且$D/H \cong K$. 直观地说, 无视正负号差别的话, 非交换的群D就化成了交换群K.

设G为群, G到G的同构叫G的**自同构** (automorphism).

$$\mathrm{Aut}(G) = \{G\text{的自同构}\}$$

是对称群$S(G) = \{G\text{上置换}\}$的子集.

$S(G)$的单位元$I = I_G$ (G上恒等映射) 显然属于$\mathrm{Aut}(G)$.

如果$\sigma \in \mathrm{Aut}(G)$, 则对$x, y \in G$有$a, b \in G$使得$\sigma(a) = x$且$\sigma(b) = y$, 于是

$$\sigma^{-1}(xy) = \sigma^{-1}(\sigma(a)\sigma(b)) = \sigma^{-1}\sigma(ab) = ab = \sigma^{-1}(x)\sigma^{-1}(y),$$

因此$\mathrm{Aut}(G)$对求逆元封闭.

如果$\sigma, \tau \in \mathrm{Aut}(G)$, 则$\sigma\tau = \sigma \circ \tau \in S(G)$, 而且$x, y \in G$时

$$\sigma\tau(xy) = \sigma(\tau(x)\tau(y)) = \sigma(\tau(x))\sigma(\tau(y)) = \sigma\tau(x)\sigma\tau(y).$$

因此$\mathrm{Aut}(G)$对乘法封闭.

由上可见, $\mathrm{Aut}(G) \leqslant S(G)$. 我们把$\mathrm{Aut}(G)$叫$G$的**自同构群**.

设G为群. 对于$a, x \in G$让$\sigma_a(x) = axa^{-1}$. 易见$\sigma_a : G \to G$是单射, 因为

$$\sigma_a(x) = \sigma_a(y) \Rightarrow axa^{-1} = aya^{-1} \Rightarrow x = y.$$

对$g \in G$, 取$x = a^{-1}ga$, 则$\sigma_a(x) = g$. 因此σ也是满射.

对于$x, y \in G$,

$$\sigma_a(xy) = axya^{-1} = axa^{-1}aya^{-1} = \sigma_a(x)\sigma_a(y).$$

因此$\sigma_a \in \mathrm{Aut}(G)$.

显然$\sigma_e = I$. 对$a, b, x \in G$,

$$\sigma_a\sigma_b(x) = \sigma_a(bxb^{-1}) = abxb^{-1}a^{-1} = abx(ab)^{-1} = \sigma_{ab}(x).$$

因此, $a, b \in G$时$\sigma_a\sigma_b = \sigma_{ab}$.

$a \in G$时, $\sigma\sigma_{a^{-1}} = \sigma_{aa^{-1}} = \sigma_e = I$, 从而$\sigma_a^{-1} = \sigma_{a^{-1}}$.

由上可见,

$$\mathrm{Inn}(G) = \{\sigma_a : a \in G\} \leqslant \mathrm{Aut}(G).$$

我们把$\mathrm{Inn}(G)$叫G的**内自同构群**, 诸σ_a $(a \in G)$叫G的**内自同构** (inner automorphism).

群G的**中心**(center)指

$$Z(G) = \{a \in G : \text{对任何}x \in G\text{有}ax = xa\}.$$

定理8.3. 设G为群, 则

$$Z(G) \trianglelefteq G, \quad \text{而且} \quad G/Z(G) \cong \mathrm{Inn}(G).$$

证明: 对$a \in G$, 让$\sigma(a)$为G的内自同构σ_a. 映射$\sigma : G \to \mathrm{Inn}(G)$ 是满同态, 因为$a, b \in G$时

$$\sigma(ab) = \sigma_{ab} = \sigma_a\sigma_b = \sigma(a)\sigma(b).$$

σ的同态核为

$$\{a \in G : \sigma_a = I\} = \{a \in G : \text{对任何}x \in G\text{有}axa^{-1} = e\} = Z(G).$$

应用同态基本定理知,

$$Z(G) \trianglelefteq G,$$

而且

$$G/Z(G) \cong \mathrm{Im}(\sigma) = \mathrm{Inn}(G).$$

定理8.3证毕.

§1.9 Klein的Erlangen纲领

1872年, 德国数学家F. Klein (克莱因, 1849–1925) 在Erlangen (爱尔兰根)大学教授述职演讲中提出了著名的Erlangen纲领, 用群的观点给几何下了个定义:

所谓几何学就是对非空集X的一些性质的研究, 这些性质在某个置换群$\Gamma \leqslant S(X)$ 里的置换下保持不变. 这样的几何记为$G(X, \Gamma)$.

如果让$X = \mathbb{R} \times \mathbb{R}$由平面上所有的点构成, Γ是由平移、旋转、线反射这些等距变换及其复合构成的X上置换群, 则所得几何$G(X, \Gamma)$就是Euclid平面度量几何. 这种几何研究的是Γ中置换下的不变量, 包括线段的中点、两条直线的平行或垂直、几点在同一条线上、几条线交于一点、三角形的全等、三角形的面积等等.

简单地说来, 几何基本上是研究不变量的, 而代数基本上是研究结构的.

第1章 习 题

1. 设实系数方程 $x^3 + ax^2 + bx + c = 0$ 的三个根 x_1, x_2, x_3 满足

$$(x_1 - x_2)^2(x_1 - x_3)^2(x_2 - x_3)^2 < 0,$$

此方程共有多少个实根?

2. 解方程 $x^4 + x^3 + x^2 + x + 1 = 0$ (提示: 先看 $y = x + x^{-1}$ 满足的二次方程).

3. 设 f 是非空集 X 到集合 Y 中的映射, 证明
   (i) f 是单射, 当且仅当有映射 $g : Y \mapsto X$ 使得 $g \circ f = I_X$, 这里 I_X 为 X 上恒等映射(即把 $x \in X$ 映到 x);
   (ii) f 是满射, 当且仅当有映射 $g : Y \mapsto X$ 使得 $f \circ g = I_Y$.

4. 对于没有单位元的半群 M, 是否可向其中添加一个新的元 e 使 $M \cup \{e\}$ 成为幺半群?

5. 让 $\mathcal{D}$ 由全体 $\mathbb{Z}^+$ 到 $\mathbb{C}$ 的映射构成. 对 $f, g \in \mathcal{D}$, 定义它们的卷积 $f * g$ 如下:

$$f * g(n) = \sum_{\substack{c,d \in \mathbb{Z}^+ \\ cd=n}} f(c)g(d) = \sum_{d|n} f(d)g\left(\frac{n}{d}\right) \quad (n = 1, 2, 3, \cdots).$$

证明 $\mathcal{D}$ 按照卷积运算形成交换幺半群.

6. 定义在 $\mathbb{R} \setminus \{0, 1\}$ 上的函数 $f_1, \cdots, f_6$ 如下给出:

$$f_1(x) = x, \quad f_2(x) = \frac{1}{1-x}, \quad f_3(x) = \frac{x-1}{x},$$
$$f_4(x) = \frac{1}{x}, \quad f_5(x) = 1 - x, \quad f_6(x) = \frac{x}{x-1}.$$

证明这6个函数依函数复合构成群.

7. 设 A 与 B 为有限群 G 的子集, 证明 $|A| + |B| > |G|$ 时 $AB = G$.

8. 设 G 为群, 且对任何 $a \in G$ 都有 $a^2 = e$, 证明 G 为Abel群.

9. 设 H 与 K 都是群 G 的子群, 证明 $HK = G$ 当且仅当对任何的 $x, y \in G$ 都有 $xH \cap yK \neq \emptyset$.

10. 对群 G 中元素 x, 定义 $C_G(x) = \{g \in G : gx = xg\}$, 证明 $C_G(x) \leqslant G$.

11. 证明有限群G有2阶元当且仅当$|G|$为偶数.

12. 证明奇数阶Abel群G的所有元素之积等于G的单位元.

13. 设$H \leqslant G$且$x \in G$, 证明

$$xHx^{-1} \leqslant G, \ xHx^{-1} \cong H, \ [G : xHx^{-1}] = [G : H].$$

14. 设$H \leqslant G$且$[G : H] = 2$. 证明对任何$x \in G$都有$xH = Hx$.

15. 设$H \trianglelefteq G$且$K \leqslant G$, 证明$H \cap K \trianglelefteq K$.

16. 设G为群且$a, b \in G$. 证明:
    (1) $o(ab) = o(ba)$;
    (2) 如果$ab = ba$, 且$o(a) = m$与$o(b) = n$为互素的正整数, 则$o(ab) = o(a)o(b)$.

17. 对于群G, 证明$\text{Inn}(G) \trianglelefteq \text{Aut}(G)$.

18. 对于n阶循环群C_n, 证明$\text{Aut}(C_n)$与乘法群$U_n = \{\bar{a} = a + n\mathbb{Z} : (a, n) = 1\}$同构.

19. 求出Klein四元群$K = \{e, a, b, c\}$的所有自同构.

20. 假设群G恰有两个自同构, 证明G为Abel群.

第2章 群的作用与Sylow定理

§2.1 群在集合上的作用

为方便起见,我们有时采用一阶逻辑中存在量词 $\exists$ 与全称量词 $\forall$.

$\exists x_1, \cdots, x_n \in X \, \psi(x_1, \cdots, x_n)$ 指存在 X 中元素 $x_1, \cdots, x_n$ 使得公式 $\psi(x_1, \cdots, x_n)$ 成立, $\forall x_1, \cdots, x_n \in X \, \psi(x_1, \cdots, x_n)$ 指对任意的 $x_1, \cdots, x_n \in X$ 公式 $\psi(x_1, \cdots, x_n)$ 总成立.

设 G 为群, X 为非空集. 如果对任给的 $g \in G$ 与 $x \in X$ 都有唯一的 X 中元(记为 $g \circ x$)与之对应, 而且还有

(i) $\forall x \in X (e \circ x = x)$,

(ii) $a, b \in G$ 且 $x \in X$ 时总有 $ab \circ x = a \circ (b \circ x)$,

则说群 G (左)**作用**在集 X 上(G acts on X), $\circ$ 为群 G 在 X 上的(左)作用(在不引起误会时, $g \circ x$ 常简写成 gx).

类似地也可定义"右作用", 但右作用可按下述方式转化为左作用.

假如群 G 右作用在非空集 X 上. 对 $g \in G$ 与 $x \in X$, 让 $g \circ x$ 表示 g^{-1} 右作用于 x 的结果 xg^{-1}. 任给 $x \in X$, 显然 $e \circ x = xe^{-1} = xe = x$, 对于 $a, b \in G$ 还有

$$ab \circ x = x(ab)^{-1} = x(b^{-1}a^{-1}) = (xb^{-1})a^{-1} = a \circ (b \circ x).$$

因此, $\circ$ 为 G 在 X 上的左作用.

群在非空集上的作用一般指左作用.

设群 G 作用于非空集 X 上, 定义 X 上二元关系 $\sim$ 如下:

$$x \sim y \iff \exists g \in G(gx = y).$$

$x \in X$ 所在的**轨道**(orbit)指

$$O_x = \{y \in X : x \sim y\} = \{gx : g \in G\}.$$

$x \in X$ 在 G 中的**稳定化子**(stabilizer)指

$$\text{Stab}(x) = \{g \in G : gx = x\}.$$

G在X上作用核(kernel)指

$$\mathrm{Ker}(X) = \{g \in G : \forall x \in X (gx = x)\}.$$

【例1.1】设$H \leqslant G$. 对$h \in H$与$x \in X = G$, 我们让$h \circ x = hx \in X$. 则群H作用在集合$X = G$上, 因为$x \in X$时$e \circ x = ex = x$, 而且$h_1, h_2 \in H$且$x \in X$时

$$(h_1 h_2) \circ x = (h_1 h_2)x = h_1(h_2 x) = h_1 \circ (h_2 \circ x).$$

对于$x \in X = G$, 显然$O_x = \{h \circ x : h \in H\} = Hx$,

$$\mathrm{Stab}(x) = \{h \in H : h \circ x = x\} = \{h \in H : hx = x\} = \{e\},$$

而且$\mathrm{Ker}(X) = \bigcap_{x \in X} \mathrm{Stab}(x) = \{e\}$.

定理1.1. 设群G作用在非空集X上, 则X上关系$\sim$是X上等价关系, 全体不同轨道的并是X而且它们两两不相交.

证明: 只需说明$\sim$具有自反性、对称性与传递性, 如此一来$\sim$为X上等价关系, $x \in X$所在的等价类就是轨道O_x. 注意不同的等价类没有公共元素.

$x \in X$时, $ex = x$, 从而$x \sim x$. 故$\sim$具有自反性.

如果$x, y \in X$且$x \sim y$, 则有$g \in G$使得$gx = y$, 于是

$$g^{-1}y = g^{-1}(gx) = (g^{-1}g)x = ex = x,$$

从而$y \sim x$. 因此$\sim$具有对称性.

对于$x, y, z \in X$, 如果$x \sim y \sim z$, 则有$g_1, g_2 \in G$使得$g_1 x = y$且$g_2 y = z$, 于是$x \sim z$, 因为

$$(g_2 g_1)x = g_2(g_1 x) = g_2 y = z.$$

故$\sim$也具有传递性.

定理1.2. 设群G作用在非空集X上, 对于$x \in X$, 我们有

$$\mathrm{Stab}(x) \leqslant G \quad \text{而且} \quad [G : \mathrm{Stab}(x)] = |O_x|.$$

证明: 令$H = \mathrm{Stab}(x)$. 由于$ex = x$, 我们有$e \in H$. 当$g, h \in H$时

$$(gh^{-1})x = gh^{-1}(hx) = (gh^{-1}h)x = gx = x,$$

从而 $gh^{-1} \in H$. 因此 $H \leqslant G$.

再证 $[G:H] = |O_x|$. 令 $A = \{aH : a \in G\}$, 我们只需找到 O_x 到 A 的双射. 当 $a, b \in G$ 且 $x \in X$ 时,

$$ax = bx \iff b^{-1}ax = x \iff b^{-1}a \in H \iff a \in bH \iff aH = bH.$$

对 $g \in G$ 让 $f(gx) = gH$. 此定义合理, 且 f 是 O_x 到 A 的双射.

定理 1.2 证毕.

群 G 同构于群 $\bar{G}$ 的一个子群时, 我们称 G **可嵌入** $\bar{G}$ 中.

定理 1.3. 设群 G 作用在非空集 X 上, 则 $\mathrm{Ker}(X) \trianglelefteq G$, 而且 $G/\mathrm{Ker}(X)$ 可嵌入对称群 $S(X)$ 中.

证明: 设 $g \in G$. 对 $x \in G$ 让 $\sigma_g(x) = gx$, 则 $\sigma_g : X \to X$ 是满射, 因为 $y \in X$ 时对 $x = g^{-1}y$ 有

$$\sigma_g(x) = g(g^{-1}y) = (gg^{-1})y = ey = y.$$

σ_g 也是单射, 这是因为 $x, y \in X$ 时

$$gx = gy \Rightarrow g^{-1}(gx) = g^{-1}(gy) \Rightarrow ex = ey \Rightarrow x = y.$$

因此 $\sigma_g \in S(X)$.

对 $g \in G$ 让 $\sigma(g) = \sigma_g$, 由上 σ 是 G 到 $S(X)$ 的映射. 对于 $a, b \in G$ 且 $x \in X$, 我们有

$$\sigma_{ab}(x) = (ab)x = a(bx) = \sigma_a(\sigma_b(x)) = \sigma_a\sigma_b(x).$$

可见 σ 也是群的同态. 依同态基本定理, 同态核

$$\{g \in G : \sigma_g = I_X\} = \{g \in G : \forall x \in X(gx = x)\} = \mathrm{Ker}(X)$$

在 G 中正规, 而且 $G/\mathrm{Ker}(X) \cong \mathrm{Im}\,\sigma \leqslant S(X)$. 证毕.

定理 1.4 (Cayley 定理). *群 G 可嵌入对称群 $S(G)$ 中.*

证明: 对 $g \in G$ 与 $x \in X = G$ 让 $g \circ x = gx$, 这是群 G 在 $X = G$ 上的作用. 依群 G 上的消去律,

$$\mathrm{Ker}(X) = \{g \in G : \forall x \in X(gx = x)\} = \{e\}.$$

根据定理 1.3, $G/\mathrm{Ker}(X)$ 同构于 $S(X) = S(G)$ 的一个子群. 故 G 可嵌入到对称群 $S(G)$ 中.

对称群的子群叫做**置换群** (permutation group). Galois所说的群只是置换群, 但Cayley后来引入的抽象群总同构于一个置换群.

【例1.2】设G为群, 让$X = G$. 对$g \in G$与$x \in X$, 让$g \circ x = gxg^{-1}$ (它叫做x的**共轭元**). $x \in X$时我们有$e \circ x = exe^{-1} = x$. 如果$a, b \in G$且$x \in X$, 则

$$ab \circ x = abx(ab)^{-1} = a(bxb^{-1})a^{-1} = a \circ (b \circ x).$$

可见$\circ$是群G在$X = G$上的作用, 这个作用叫做**共轭作用**. 它导出的$X = G$上关系$\sim$如下:

$$x \sim y \iff \exists g \in G(gxg^{-1} = y) \iff \exists g \in G(gx = yg).$$

由定理1.1, 这是个X上等价关系. $x \in X$所在的轨道(即关系$\sim$的等价类)为

$$C(x) = \{gxg^{-1} : g \in G\},$$

它叫做x所在的**共轭类** (conjugate class). $x \in X = G$的**中心化子** (centralizer)$C_G(x)$指

$$\mathrm{Stab}(x) = \{g \in G : gxg^{-1} = x\} = \{g \in G : gx = xg\}.$$

由定理1.2, $C_G(x) \leqslant G$且$[G : C_G(x)] = |O_x| = |C(x)|$.

群G在$X = G$上共轭作用的核为

$$\mathrm{Ker}(X) = \bigcap_{x \in X} \mathrm{Stab}(x) = \bigcap_{x \in G} C_G(x),$$

这正是群G的中心

$$Z(G) = \{g \in G : \forall x \in G(gx = xg)\}.$$

依定理1.3, $G/Z(G)$可嵌入$S(X) = S(G)$中. 事实上, 在第一章中我们已证

$$G/Z(G) \cong \mathrm{Inn}(G) \leqslant S(G).$$

【例1.3】设$H \leqslant G$, 并令$X = \{xH : x \in G\}$. 对$g, x \in G$让$g \circ xH = gxH$, 易见这是G在X上的作用. 对于$x, y \in G$, 取$g = yx^{-1}$则$g \circ xH = gxH = yH$, 从而$xH \sim yH$. 因此只有一个轨道: $O_{xH} = X$. 对于$x \in G$, xH的稳定化子为

$$\{g \in G : gxH = xH\} = \{g \in G : x^{-1}gx \in H\} = xHx^{-1}.$$

这是G的子群, 而且$[G : xHx^{-1}] = |O_{xH}| = |X| = [G : H]$. 关于作用核, 我们有

$$\mathrm{Ker}(X) = \bigcap_{x \in G} \mathrm{Stab}(xH) = \bigcap_{x \in G} xHx^{-1} = H_G \trianglelefteq G.$$

定理1.5. 设G为阶大于1的有限群, H为G的子群, 且$[G:H]$是$|G|$的最小素因子p, 则$H \trianglelefteq G$.

证明: 由例1.3及定理1.3知, G/H_G可嵌入对称群$S(X)$中, 这里$X = \{xH : x \in G\}$. 根据Lagrange定理, $|G/H_G|$整除$|S(X)| = |X|! = [G:H]!$, 从而$|H/H_G|$整除$([G:H] - 1)! = (p-1)!$. 又$|H/H_G| \mid |G|$, 而且$|G|$与$(p-1)!$互素. 故$|H/H_G| = 1, H = H_G \trianglelefteq G$.

§2.2 群作用的一些应用

设群G作用在非空集X上,回忆一下:

$$\mathrm{Stab}(x) = \{g \in G : gx = x\} \ (x \in X), \quad \mathrm{Ker}(X) = \bigcap_{x \in X} \mathrm{Stab}(x).$$

对于$g \in G$我们定义

$$\mathrm{Fix}(g) = \{x \in X : gx = x\},$$

诸$x \in \mathrm{Fix}(g)$叫做g-不动点. 我们还让

$$\mathrm{Fix}(G) = \bigcap_{g \in G} \mathrm{Fix}(g) = \{x \in X : \forall g \in G(gx = x)\},$$

并称$\mathrm{Fix}(G)$中元为**不动点** (fixed point).

定理2.1 (Burnside引理). 设有限群G作用在有限非空集X上共产生出N个不同的轨道, 则

$$N = \frac{1}{|G|} \sum_{g \in G} |\mathrm{Fix}(g)|.$$

证明: 我们用两种方法计算集合

$$S = \{\text{有序对}\langle g, x \rangle : g \in G, \ x \in X, \text{且 } gx = x\}$$

的基数. 易见,

$$|S| = \sum_{g \in G} |\{x \in X : gx = x\}| = \sum_{g \in G} |\mathrm{Fix}(g)|.$$

另一方面,

$$|S| = \sum_{x \in X} |\{g \in G : gx = x\}| = \sum_{x \in X} |\mathrm{Stab}(x)| = \sum_{x \in X} \frac{|G|}{|O_x|}.$$

对于任一个轨道O,

$$\sum_{x \in O} \frac{1}{|O_x|} = \sum_{x \in O} \frac{1}{|O|} = 1.$$

因此$|S| = N|G|$.

综合两种计算结果得,

$$N = \frac{|S|}{|G|} = \frac{1}{|G|} \sum_{g \in G} |\text{Fix}(g)|.$$

定理2.1证毕.

Burnside引理在组合计数中有重要的应用.

定理2.2. 设有限群G作用在有限非空集X上, 则X中非不动点个数可表示成$|G|$的一些大于1的因子(允许重复)之和.

证明: 对于$x \in X$,

$$|O_x| = 1 \iff \forall g \in G(gx = x) \iff x \in \text{Fix}(G).$$

设至少有两个元的轨道为$O^{(i)}$ $(i = 1, \cdots, k)$. 任取$x_i \in O^{(i)}$ $(1 \leqslant i \leqslant k)$, 我们有类方程

$$|X| = \sum_{x \in \text{Fix}(G)} |\{x\}| + \sum_{i=1}^{k} |O^{(i)}| = |\text{Fix}(G)| + \sum_{i=1}^{k} |O_{x_i}|.$$

当$1 \leqslant i \leqslant k$时, $|O_{x_i}| = [G : \text{Stab}(x_i)]$是$|G|$的大于1的因子. 因此非不动点个数

$$|X| - |\text{Fix}(G)| = \sum_{i=1}^{k} |O_{x_i}|$$

是$|G|$的一些大于1的因子(可重复)之和. 定理2.2证毕.

对于素数p及自然数n, p^n阶群都叫做p-**群** (p-group).

推论2.1. 设p为素数, p-群G作用在有限非空集X上. 则

$$|X| \equiv |\text{Fix}(G)| \pmod{p},$$

特别地, $p \nmid |X|$时X中必有不动点.

证明: 注意$|G|$的因子只能是p的幂次, 故$|G|$的大于1的因子为p的倍数. 应用定理2.2即得所要结果.

定理2.3. 设 p 为素数且 n 为正整数,则 p^n 阶群 G 的中心 $Z(G)$ 中必有非单位元.

证明: p^n 阶群 G 共轭作用在 $X = G$ 上.对于 $x \in X = G$,

$$x \in \mathrm{Fix}(G) \iff \forall g \in G(gxg^{-1} = x) \iff \forall g \in G(gx = xg).$$

因此, $\mathrm{Fix}(G)$ 就是 G 的中心 $Z(G)$. 依推论2.1,

$$|\mathrm{Fix}(G)| \equiv |X| = |G| = p^n \equiv 0 \pmod{p}.$$

故 p 整除 $|Z(G)|$,从而 $Z(G) \neq \{e\}$.

定理2.4. 设 p 为素数, 则 p^2 阶群 G 必为 Abel 群.

证明: 依 Lagrange 定理, $|Z(G)|$ 整除 $|G| = p^2$. 由定理2.3知 $|Z(G)| > 1$. 故 $|Z(G)| \in \{p, p^2\}$, $|G/Z(G)| \in \{1, p\}$. 因此 $G/Z(G) = \{\bar{g} = gZ(G) : g \in G\}$ 为循环群.

取 $a \in G$ 使得 $\bar{a} = aZ(G)$ 为 $G/Z(G)$ 的生成元. 对 $x \in G$, 有 $m \in \mathbb{Z}$ 使得 $\bar{x} = \bar{a}^m = \overline{a^m}$, 从而 x 可表示成 $a^m z$ 的形式, 其中 $z \in Z(G)$. 类似地, 任给的 $y \in G$ 可写成 $a^k w$ 的形式, 这里 $k \in \mathbb{Z}$ 且 $w \in Z(G)$. 于是

$$xy = a^m z a^k w = a^m (a^k w) z = a^k (a^m w) z = a^k w a^m z = yx.$$

因此 G 为 Abel 群.

群 G 的子群 H 在 G 中的**正规化子 (normalizer)** 指

$$N_G(H) = \{g \in G : gH = Hg\}.$$

定理2.5. 设 $H \leqslant G$, 则 $N_G(H)$ 是使得 H 在其中正规的 G 的最大子群, 而且

$$[G : N_G(H)] = |\{gHg^{-1} : g \in G\}|.$$

证明: 令 $\mathcal{H} = \{aHa^{-1} : a \in G\}$. 对 $g, a \in G$ 让

$$g \circ aHa^{-1} = \{gxg^{-1} : x \in aHa^{-1}\} = gaHa^{-1}g^{-1} = gaH(ga)^{-1}.$$

易见这是群 G 在 $\mathcal{H}$ 上的作用.

对于 $a, b \in G$, 取 $g = ba^{-1}$ 则

$$g \circ aHa^{-1} = gaHa^{-1}g^{-1} = bHb^{-1}.$$

因此只有一个轨道: $O_H = O_{eHe^{-1}} = \mathcal{H}$. 注意

$$\mathrm{Stab}(H) = \{g \in G : gHg^{-1} = H\} = N_G(H),$$

故 $N_G(H) \leqslant G$, 而且 $[G : N_G(H)] = |O_H| = |\mathcal{H}|$.

$h \in H$ 时 $hH = H = Hh$, 因此 $H \leqslant N_G(H)$. 当 $g \in N_G(H)$ 时 $gH = Hg$, 故 $H \trianglelefteq N_G(H)$. 假如 $H \trianglelefteq K \leqslant G$, 则 $k \in K$ 时 $kH = Hk$, 故 $K \subseteq N_G(H)$. 因此 $N_G(H)$ 是使得 H 在其中正规的 G 的最大子群.

综上, 定理2.5得证.

§2.3 Sylow定理

设 G 为 n 阶群. 根据Lagrange定理, G 的子群的阶是 n 的因子. 任给 n 的一个正因子 d, 当 G 为循环群时 G 有唯一的 d 阶子群(依第一章定理6.3), 但一般说来 G 未必有 d 阶子群.

对任意的 n 阶群 G, d 是 n 怎样的因子时 G 必有 d 阶子群? 此问题上第一个结果是Cauchy证明的Galois猜测.

定理3.1 (Cauchy定理). 设 p 为素数. 如果有限群 G 的阶被 p 整除, 则 G 必含 p 阶元, 亦即 G 有 p 阶子群.

证明: 我们对 $|G|$ 进行归纳.

$|G| = 1$ 时, 结论显然. 现在假设有限群 G 的阶大于1, 而且任何阶小于 $|G|$ 且为 p 倍数的群都有 p 阶元.

第一种情形: G **为Abel群.**

任取 $a \in G \setminus \{e\}$. 如果 $p \mid o(a)$, 则 $a^{o(a)/p}$ 为 G 中 p 阶元. 现在假设 $p \nmid o(a)$. 由于每个 $m \in \mathbb{Z}$ 可表示成 $ps + o(a)t$ $(s, t \in \mathbb{Z})$ 的形式, 我们有 $\langle a \rangle = \langle a^p \rangle$. 因 p 不整除 $|\langle a^p \rangle| = o(a)$, 依归纳假设知 $G/\langle a^p \rangle$ 有 p 阶元 $\bar{g} = g\langle a^p \rangle$ (其中 $g \in G$), 于是 $g^p\langle a^p \rangle = \langle a^p \rangle$ 但 $g \notin \langle a^p \rangle = \langle a \rangle$. 因此, 有 $n \in \mathbb{N}$ 使得 $g^p a^{pn} = e$ 但 $ga^n \neq e$, 这表明 $x = ga^n$ 为 G 中 p 阶元.

第二种情形: G **不是Abel群.**

此时 $Z(G) \neq G$. 如果 $p \mid |Z(G)|$, 则依归纳假设知 $Z(G)$ 有 p 阶元, 从而 G 有 p 阶元. 现在假设 $p \nmid |Z(G)|$. 根据本章例1.2, 群 G 共轭作用于 $X = G$ 上. 注意 $x \in X$ 为不动点当且仅当 $x \in Z(G)$. 设基数至少为2的轨道为 $O^{(1)}, \cdots, O^{(k)}$, 则有类方程

$$|O^{(1)}| + \cdots + |O^{(k)}| + |Z(G)| = |G|.$$

由于$p \mid |G|$但$p \nmid |Z(G)|$, 必有$1 \leqslant i \leqslant k$使得$p \nmid |O^{(i)}|$. 取$x_i \in O^{(i)}$, 则$\mathrm{Stab}(x_i) = C_G(x_i)$, 从而$[G : C_G(x_i)] = |O^{(i)}| \not\equiv 0 \pmod{p}$. 而$p \mid |G|$, 故必有$p \mid C_G(x_i)$. 因$|O^{(i)}| \geqslant 2$, $|C_G(x_i)| < |G|$. 由归纳假设, $C_G(x_i)$有p阶元, 从而G有p阶元.

    由上, 我们归纳证明了定理3.1.

    受Cauchy定理的启发, 挪威数学家L. Sylow (西罗, 1832-1918) 又作了进一步的思考, 他在1872年发表于Math. Ann.的论文中提出并证明了现在所称的Sylow定理, 这个深刻原创的结果是有限群论的基石.

    设m为非零整数, p为素数, 则有唯一的$n \in \mathbb{N}$使得$p^n \| m$ (即$p^n \mid m$ 但$p^{n+1} \nmid m$). 我们称这个n为m在素数p处的**阶** (order), 记为$\mathrm{ord}_p(m)$. 例如: 360的素数分解式为$2^3 \times 3^2 \times 5$,

$$\mathrm{ord}_2(360) = 3, \ \mathrm{ord}_3(360) = 2, \ \mathrm{ord}_5(360) = 1, \ \mathrm{ord}_7(360) = 0.$$

    设G为有限群, p为素数, $\alpha = \mathrm{ord}_p(|G|)$. 我们把$G$的$p^\alpha$阶子群叫做$G$的**Sylow p-子群** (Sylow p-subgroup). 例如: 360阶群的Sylow 2-子群是8阶的, Sylow 7-子群是1阶的.

    定理3.2 (Sylow第一定理). 设G为有限群, p为素数, $\alpha = \mathrm{ord}_p(|G|)$, 则$G$必有$p^\alpha$阶子群(即Sylow p-子群).

    证明: 我们采用H. Wielandt在1959年发表的简化证明. 写$|G| = p^\alpha m$, 这里正整数m不被p整除.

    令$\mathcal{U} = \{U \subseteq G : |U| = p^\alpha\}$, 则

$$|\mathcal{U}| = \binom{p^\alpha m}{p^\alpha} = m \prod_{r=1}^{p^\alpha - 1} \frac{p^\alpha m - r}{p^\alpha - r}.$$

对于$1 \leqslant r \leqslant p^\alpha - 1$, 如果$p^\beta \| r$, 则

$$0 \leqslant \beta < \alpha, \ p^\beta \| p^\alpha m - r \ \text{且} \ p^\beta \| p^\alpha - r.$$

因此有不被p整除的正整数a, b使得$|\mathcal{U}| = m \frac{a}{b}$, 从而$p \nmid |\mathcal{U}|$.

    对$g \in G$与$U \in \mathcal{U}$, 诸gu ($u \in U$)两两不同(根据消去律), 从而$gU = \{gu : u \in U\} \in \mathcal{U}$.

    显然$eU = U$, 对$a, b \in G$又有$(ab)U = a(bU)$. 故群G作用在集合$\mathcal{U}$上. 设产生的所有不同轨道为$O^{(1)}, \cdots, O^{(k)}$, 则$|\mathcal{U}| = \sum_{i=1}^{k} |O^{(i)}|$. 由于$p \nmid |\mathcal{U}|$, 必有$1 \leqslant i \leqslant k$使得$p \nmid |O^{(i)}|$.

任取 $U \in O^{(i)}$, $H = \text{Stab}(U) \leqslant G$ 且 $[G : H] = |O^{(i)}| \not\equiv 0 \pmod{p}$. 而 p^α 整除 $|G| = [G : H]|H|$, 故必 $p^\alpha \mid |H|$, 从而 $|H| \geqslant p^\alpha$.

再证 $|H| \leqslant p^\alpha$. 任取 $x \in U$, $h \in H$ 时 $hx \in hU = U$, 从而 $Hx \subseteq U$, 于是

$$|H| = |Hx| \leqslant |U| = p^\alpha.$$

由上, $H \leqslant G$ 且 $|H| = p^\alpha$. 因此 H 为 G 的 Sylow p-子群.

定理3.3 (Sylow第二定理). 设 H 为有限群 G 的任意一个 Sylow p-子群, 则 G 的任意一个 p-子群 K 被包含在 G 的某个与 H 共轭的子群中. 特别地, G 的所有 Sylow p-子群形成一个子群共轭类.

证明: 令 $X = \{xH : x \in G\}$. 对 $k \in K$ 与 $xH \in X$, 让 $k \circ xH = kxH \in X$. 易见 p-群 K 作用在集合 X 上. 由于 $|X| = [G : H] = \frac{|G|}{|H|}$ 不被 p 整除, 依推论2.1知 X 中必有不动点 gH, 这里 $g \in G$. 对任何 $k \in K$, 显然 $kg \in kgH = gH$, 从而 $k \in gHg^{-1}$. 因此 $K \subseteq gHg^{-1}$.

任给 $g \in G$, 映射 $\sigma_g : h \mapsto ghg^{-1}$ $(h \in H)$ 给出 H 到 gHg^{-1} 的同构, 从而 $|gHg^{-1}| = |H|$, gHg^{-1} 也是群 G 的 Sylow p-子群.

对 G 的任一个 Sylow p-子群 K, 有 $g \in G$ 使得 $K \subseteq gHg^{-1}$. 而 $|K| = |gHg^{-1}|$, 故有 $K = gHg^{-1}$.

由上可见, $\{G$的Sylow p-子群$\} = \{gHg^{-1} : g \in G\}$. 定理3.3证毕.

推论3.1. 设 p 为素数, P 为有限群 G 的 Sylow p-子群, 则 P 在 G 中正规当且仅当 P 是 G 唯一的 Sylow p-子群.

证明: 依 Sylow第二定理,

$$G\text{的Sylow } p\text{-子群仅有}P$$
$$\Longleftrightarrow \forall g \in G \, (gPg^{-1} = P)$$
$$\Longleftrightarrow P \trianglelefteq G.$$

定理3.4 (Sylow第三定理). 设有限群 G 的阶为 $p^\alpha m$, 这里 p 为素数, $\alpha \in \mathbb{N}$, $m \in \mathbb{Z}^+$ 且 $p \nmid m$. 以 n_p 表示 p 的 Sylow p-子群个数, 并让 H 为 G 的任意一个 Sylow p-子群, 则

$$n_p \mid m, \quad n_p \equiv 1 \pmod{p}, \quad \text{而且} \ n_p = [G : N_G(H)].$$

证明：根据Sylow第二定理与定理2.5,

$$n_p = |\{gHg^{-1} : g \in G\}| = [G : N_G(H)],$$

且它整除$[G : H] = \frac{|G|}{|H|} = m$.

余下要证$n_p \equiv 1 \pmod{p}$. 让$\mathcal{H} = \{gHg^{-1} : g \in G\}$. 对$h \in H$及$g \in G$, 让

$$h \circ gHg^{-1} = hgHg^{-1}h^{-1} = (hg)H(hg)^{-1} \in \mathcal{H}.$$

易见这是群H在集合$\mathcal{H}$上的作用.

对于$g \in G$与$h \in H$, 易见

$$h \circ gHg^{-1} = gHg^{-1}$$
$$\Longleftrightarrow hgHg^{-1}h^{-1} = gHg^{-1}$$
$$\Longleftrightarrow g^{-1}hgH = Hg^{-1}hg.$$

因此

$$gHg^{-1} \in \text{Fix}(H)$$
$$\Longleftrightarrow \forall h \in H(g^{-1}hg \in N_G(H))$$
$$\Longleftrightarrow g^{-1}Hg \leqslant N_G(H).$$

由于$|g^{-1}Hg| = |H|$而且H是$N_G(H)$的正规Sylow p-子群, 我们有

$$g^{-1}Hg \leqslant N_G(H) \iff g^{-1}Hg = H \iff gHg^{-1} = H.$$

因此H是$\mathcal{H}$中仅有的不动点. 应用推论2.1得

$$n_p = |\mathcal{H}| \equiv |\text{Fix}(H)| = 1 \pmod{p}.$$

至此, 定理3.4得证.

§2.4 Sylow定理的应用

定理4.1 (Frattini引理). 设H为群G的有穷正规子群, P是H的Sylow p-子群, 则$G = HN_G(P)$.

证明: 任给$g \in G$, 由于

$$gPg^{-1} \leqslant gHg^{-1} = H \ \text{且} \ |gPg^{-1}| = |P|,$$

gPg^{-1}也是H的Sylow p-子群.根据Sylow第二定理, 有$h \in H$使得$gPg^{-1} = hPh^{-1}$. 注意$h^{-1}gP = Ph^{-1}g$, 从而$h^{-1}g \in N_G(P)$, 亦即$g \in hN_G(P)$.

由上, $G \subseteq HN_G(P)$, 从而$G = HN_G(P)$.

推论4.1. 设P为有限群G的Sylow p-子群, 则

$$N_G(N_G(P)) = N_G(P).$$

更一般地, $N_G(P) \leqslant H \leqslant G$时$N_G(H) = H$.

证明: 设$N_G(P) \leqslant H \leqslant G$. 注意$P \leqslant N_G(P) \leqslant H$, 故$P$也是$H$的Sylow p-子群. 因H在$K = N_G(H)$中正规, 由定理4.1知$K = HN_K(P)$. 而

$$N_K(P) = \{k \in K : kP = Pk\} \subseteq N_G(P) \subseteq H,$$

故$H \subseteq K = HN_K(P) \subseteq HH = H$, 从而$N_G(H) = K = H$.

在上一段结论中取$H = N_G(P)$, 即得$N_G(N_G(P)) = N_G(P)$.

定理4.2. 设p与q为不同素数, $p \not\equiv 1 \pmod{q}$且$q \not\equiv 1 \pmod{p}$. 则pq阶群都是循环群.

证明: 设G为pq阶群. 让n_p表示G的Sylow p-子群个数. 根据Sylow第三定理, $n_p \mid q$且$n_p \equiv 1 \pmod{p}$. 因$q \not\equiv 1 \pmod{p}$且q为素数, 必有$n_p = 1$, 从而G有正规的Sylow p-子群P. 类似地, G也有正规的Sylow q-子群Q.

G的子群P与Q都是素数阶的, 从而是循环群. 设$P = \langle x \rangle$且$Q = \langle y \rangle$, 这里x与y的阶分别为p与q. 依Lagrange定理, $|P \cap Q|$既整除$|P| = p$又整除$|Q| = q$. 而p与q互素, 故必$P \cap Q = \{e\}$.

由于$P \trianglelefteq G$, $x^{-1}y^{-1}xy = x^{-1}(y^{-1}xy) \in P$. 由于$Q \trianglelefteq G$, 又有$x^{-1}y^{-1}xy = (x^{-1}y^{-1}x)y \in Q$. 因此$x^{-1}y^{-1}xy \in P \cap Q = \{e\}$, 从而$xy = yx$.

设$o(xy) = n$, 则$x^n y^n = (xy)^n = e$. 由于

$$x^n = y^{-n} \in P \cap Q = \{e\},$$

我们有$p \mid n$且$q \mid n$. 而p与q互素, 故$pq \mid n$. 由于$|G| = pq$, 不可能有$o(xy) > pq$. 因此$o(xy) = pq = |G|$, 从而$G = \langle xy \rangle$是循环群.

定理4.3. 设G为p^2q阶群, 这里p与q为不同素数. 则G有p^2阶或q阶正规子群.

证明: 用n_p与n_q分别表示G的Sylow p-子群个数与Sylow q-子群个数. 根据Sylow第二定理, 我们只需说明$n_p = 1$或者$n_q = 1$.

假定n_p与n_q都大于1. 依Sylow第三定理, $n_p \mid q$且$n_p \equiv 1 \pmod p$. 于是$n_p = q \equiv 1 \pmod p$, 从而$p < q$.

根据Sylow第三定理, $n_q \mid p^2$且$n_q \equiv 1 \pmod q$. 由于$p \not\equiv 1 \pmod q$ (因$p < q$), 必有$n_q = p^2$. 于是q整除$p^2 - 1 = (p-1)(p+1)$. 而q为素数且$q \geqslant p+1$, 故必有$q = p+1$, 从而$p = 2$且$q = 3$, G为12阶群.

设G_1, G_2, G_3, G_4为12阶群G的全部$n_3 = 2^2$个3阶子群. 依Lagrange定理, $1 \leqslant i < j \leqslant 4$时, $|G_i \cap G_j|$整除3又小于3, 从而$G_i \cap G_j = \{e\}$. 诸$G_i \setminus \{e\}$ ($i = 1, 2, 3, 4$)中元都是3阶的, 另一方面G中每个3阶元都生成一个3阶子群, 因此

$$G\text{的3阶元个数} = \left| \bigcup_{i=1}^{4} G_i \setminus \{e\} \right| = \sum_{i=1}^{4} (|G_i| - 1) = 4 \times 2 = 8.$$

设P为G的Sylow 2-子群, 则P中4个元素都不是3阶元, 从而

$$P = \{x \in G : o(x) \neq 3\}.$$

这表明G的Sylow 2-子群唯一, 与$n_2 > 1$矛盾.

至此, 我们完成了定理4.3的证明.

设群G有非单位元, 如果G没有异于$\{e\}$与G的正规子群, 我们就称G为**单群** (simple group).

易证仅有的Abel单群是素数阶循环群, 所以Abel单群对应着数论中的素数.

定理4.3表明p与q为不同素数时p^2q阶群不是单群. 对有限单群的寻找与分类是有限群论的主要任务之一.

第2章 习 题

1. 假设群G可嵌入群$\bar{G}$中, 证明有同构于$\bar{G}$的群$\tilde{G}$使得$G \leqslant \tilde{G}$.

2. 证明群G中元x与其共轭元gxg^{-1} $(g \in G)$有相同的阶.

3. 设群G作用在非空集X上. 对于$g \in G$且$x \in X$, 证明 $\operatorname{Stab}(gx) = g\operatorname{Stab}(x)\,g^{-1}$.

4. 设S为群G的非空子集,证明$\{g \in G : gS = S\} \leqslant G$, 其中$gS = \{gs : s \in S\}$.

5. 设$H \leqslant G, \mathcal{H} = \{aHa^{-1} : a \in G\}$. 说明定理2.5证明中$G$在$\mathcal{H}$上的群作用的作用核就是$N_G(H)$在$G$中的正规核.

6. 对于
$$\begin{pmatrix} a & b \\ c & d \end{pmatrix} \in \operatorname{SL}_2(\mathbb{Z})$$
与$\tau \in X = \{z \in \mathbb{C} : \operatorname{Im}(z) > 0\}$, 定义
$$\begin{pmatrix} a & b \\ c & d \end{pmatrix} \circ \tau = \frac{a\tau + b}{c\tau + d}.$$
证明这是特殊线性群$\operatorname{SL}_2(\mathbb{Z})$在集合$X$上的作用.

7. 证明有限群G的共轭类个数等于$\dfrac{1}{|G|} \sum\limits_{g \in G} |C_G(g)|$.

8. 不用Sylow定理证明21阶群G的7阶子群一定是G的正规子群.

9. 对于$\alpha \in \mathbb{R}$及$x \in X = \{z \in \mathbb{C} : |z| = 1\}$定义$\alpha \circ x = e^{2\pi i\alpha}x$. 证明这是加法群$\mathbb{R}$在集合$X$上的作用, 并求其作用核.

10. 对$\sigma \in S_n$与$x \in X = \{1, \cdots, n\}$, 定义$\sigma \circ x = \sigma(x)$, 证明这是对称群$S_n$在集合$X$上的作用.

11. 设G为$2p$阶群, 这里p为奇素数. 证明G必有正规的p阶子群.

12. 证明任何40阶群必有5阶正规子群.

13. 设P为有限群G的Sylow p-子群,$H \trianglelefteq G$, 证明$P \cap H$为H的Sylow p-子群.

14. 设P为有限群G的Sylow p-子群,$H \leqslant G$, 证明有$a \in G$使得$aPa^{-1} \cap H$为H的Sylow p-子群.

15. 证明15阶群必是循环群.

16. 设 G 为 p^2 阶群但不是循环群, 其中 p 为素数. 求群 G 的 p 阶元个数.

17. 设 p, q, r 为不同的素数, 证明 pqr 阶群 G 要么有正规的 p 阶子群, 要么有正规的 q 阶子群, 要么有正规的 r 阶子群.

18. 假设群 G 同构于单群 $\bar{G}$, 证明 G 也是单群.

19. 证明仅有的 Abel 单群是素数阶循环群.

20. 证明没有阶小于60的合数阶单群.

第3章 群的结构

§3.1 第一同构定理与第二同构定理

我们先给出涉及群同态的一个定理.

定理1.1. 设σ为群G到群$\bar{G}$的同态.

(i) $\{H \leqslant G: H \supseteq \text{Ker}(\sigma)\}$与$\{\sigma(G) = \text{Im}(G)$的子群$\}$之间有一一对应

$$H \mapsto \sigma(H) = \{\sigma(h): h \in H\}.$$

(ii) 如果$\text{Ker}(\sigma) \leqslant H \leqslant G$, 则

$$H \trianglelefteq G \iff \sigma(H) \trianglelefteq \sigma(G) = \text{Im}(\sigma).$$

当$\text{Ker}(\sigma) \leqslant H \trianglelefteq G$时, 还有

$$G/H \cong \sigma(G)/\sigma(H).$$

证明： 记$K = \text{Ker}(\sigma)$.

(i) 假如$K \leqslant H \leqslant G$, 则把$\sigma$定义域限制到$H$上的映射$\sigma \upharpoonright H$是群$H$到$\sigma(G) = \text{Im}(\sigma)$的同态, 于是依同态基本定理其像集$\sigma(H)$为$\sigma(G)$的子群. 任给$a \in G$, 我们有

$$\sigma(a) \in \sigma(H)$$
$$\iff \exists h \in H(\sigma(a) = \sigma(h))$$
$$\iff \exists h \in H(\sigma(ah^{-1}) = \bar{e})$$
$$\iff \exists h \in H(ah^{-1} \in K)$$
$$\iff a \in KH = H.$$

如果$K \leqslant H_1 \leqslant G, K \leqslant H_2 \leqslant G$且$\sigma(H_1) = \sigma(H_2)$, 则

$$H_1 = \{a \in G: \sigma(a) \in \sigma(H_1)\} = \{a \in G: \sigma(a) \in \sigma(H_2)\} = H_2.$$

任给 $\mathcal{H} \leqslant \sigma(G)$. 令 $H = \{a \in G : \sigma(a) \in \mathcal{H}\}$, 则 $K \subseteq H$, 而且 $a, b \in H$ 时 $ab^{-1} \in H$ (因为 $\sigma(ab^{-1}) = \sigma(a)\sigma(b)^{-1} \in \mathcal{H}$). 因此 $K \leqslant H \leqslant G$. 显然 $\sigma(H) = \{\sigma(a) : a \in H\}$ 正是 $\mathcal{H}$.

由上可见, $H \mapsto \sigma(H)$ 确为 $\{H \leqslant G : H \supseteq K\}$ 到集合 $\{\sigma(G) \text{的子群}\}$ 的双射.

(ii) 如果 $K \leqslant H \leqslant G$, 则

$$\sigma(H) \trianglelefteq \sigma(G)$$

$$\Longleftrightarrow \forall g \in G \forall h \in H(\sigma(g)\sigma(h)\sigma(g)^{-1} \in \sigma(H))$$

$$\Longleftrightarrow \forall g \in G \forall h \in H(\sigma(ghg^{-1}) \in \sigma(H))$$

$$\Longleftrightarrow \forall g \in G \forall h \in H(ghg^{-1} \in H)$$

$$\Longleftrightarrow H \trianglelefteq G.$$

设 $K \leqslant H \trianglelefteq G$, 由上知 $\sigma(H) \trianglelefteq \sigma(G)$. 对于 $a, b \in G$,

$$\sigma(a)\sigma(H) = \sigma(b)\sigma(H)$$

$$\Longleftrightarrow \sigma(a)^{-1}\sigma(b) \in \sigma(H)$$

$$\Longleftrightarrow \sigma(a^{-1}b) \in \sigma(H)$$

$$\Longleftrightarrow a^{-1}b \in H$$

$$\Longleftrightarrow b \in aH$$

$$\Longleftrightarrow aH = bH.$$

因此映射 $\bar{\sigma}(aH) = \sigma(a)\sigma(H)$ $(a \in G)$ 是 G/H 到 $\sigma(G)/\sigma(H)$ 的双射. 它也是同构, 因为 $a, b \in G$ 时

$$\bar{\sigma}(aH \cdot bH) = \bar{\sigma}(abH) = \sigma(ab)\sigma(H) = \sigma(a)\sigma(b)\sigma(H)$$

$$= \sigma(a)\sigma(H) \cdot \sigma(b)\sigma(H) = \bar{\sigma}(aH)\bar{\sigma}(bH).$$

综上, 定理 1.1 获证.

定理1.2 (第一同构定理). 设 K 为群 G 的正规子群, 则

$$\{G/K \text{的子群}\} = \{H/K : K \leqslant H \leqslant G\}.$$

当 $K \leqslant H \leqslant G$ 时,

$$H \trianglelefteq G \Longleftrightarrow H/K \trianglelefteq G/K.$$

如果$K \leqslant H \trianglelefteq G$, 则

$$(G/K)/(H/K) \cong G/H.$$

证明: 对$a \in G$让$\sigma(a) = aK$, 则σ是群G到商群G/K的自然同态. 显然

$$\mathrm{Ker}(\sigma) = \{a \in G : aK = K\} = K,$$

而且$\sigma(G) = \mathrm{Im}(G) = G/K$. 利用定理1.1即得所要结论.

【例1.1】设m为正整数. 依第一同构定理, Abel群$\mathbb{Z}/m\mathbb{Z}$的子群形如$H/m\mathbb{Z}$, 这里$m\mathbb{Z} \leqslant H \leqslant \mathbb{Z}$. 由于$\mathbb{Z}$是加法循环群, 其子群$H$也是循环群. 考虑到$m\mathbb{Z} \leqslant H$, H必形如$d\mathbb{Z}$, 其中d为m的正因子. 由第一同构定理, d为m的正因子时,

$$(\mathbb{Z}/m\mathbb{Z})/(d\mathbb{Z}/m\mathbb{Z}) \cong \mathbb{Z}/d\mathbb{Z},$$

从而

$$|d\mathbb{Z}/m\mathbb{Z}| = \frac{|\mathbb{Z}/m\mathbb{Z}|}{|\mathbb{Z}/d\mathbb{Z}|} = \frac{m}{d}.$$

如果$H \trianglelefteq G$但$H \neq G$, 我们就写成$H \triangleleft G$.

定理1.3 (Galois). 设p为素数. 如果G为p^n阶群(其中$n \in \mathbb{N}$), 则对$i = 0, \cdots, n$有G的p^i阶正规子群H_i使得

$$H_0 = \{e\} \triangleleft H_1 \triangleleft \cdots \triangleleft H_n = G.$$

证明: $H_i \leqslant H_{i+1} \leqslant G$时, 显然$H_i \trianglelefteq G \Rightarrow H_i \trianglelefteq H_{i+1}$.

我们只需对$n \in \mathbb{N}$归纳证明p^n群G必有p^i阶正规子群H_i $(i = 0, \cdots, n)$ 使得

$$H_0 \subset H_1 \subset \cdots \subset H_n = G.$$

当$n = 0, 1$时, 这是显然的.

下设$n > 1$且假定对p^{n-1}阶群有所要结论. 任给p^n群G, 由第2章定理2.3知有$z \in Z(G) \backslash \{e\}$. 设$o(z) = |\langle z \rangle| = p^m$(其中$m$为正整数), 则$o(z^{p^{m-1}}) = p$, 从而$H = \langle z^{p^{m-1}} \rangle$为$Z(G)$的$p$阶子群. 显然$H \trianglelefteq G$且$\bar{G} = G/H$是$p^{n-1}$阶群.

依归纳假设, $\bar{G}$有p^i阶正规子群$\bar{G}_i$ $(i = 0, \cdots, n-1)$使得

$$\bar{G}_0 \subset \bar{G}_1 \subset \cdots \subset \bar{G}_{n-1} = \bar{G}.$$

根据第一同构定理, $\bar{G}_i$ 形如 H_{i+1}/H, 这里 $H \leqslant H_{i+1} \unlhd G$ 且 $|H_{i+1}| = p^{i+1}$. 注意

$$H_0 = \{e\} \subset H_1 = H \subset H_2 \subset \cdots \subset H_n = G.$$

综上, 我们归纳证明了定理1.3.

定理1.4 (第二同构定理). 设 G 为群, $H \unlhd G$ 且 $K \leqslant G$, 则 $H \cap K \unlhd K$, 而且

$$K/(H \cap K) \cong HK/H.$$

证明: 对 $k \in K$ 让 $\sigma(k) = kH$, 则 σ 是 K 到 G/H 的同态. 注意

$$\mathrm{Ker}(\sigma) = \{k \in K : kH = H\} = \{k \in K : k \in H\} = H \cap K,$$

$$\mathrm{Im}(\sigma) = \{kHH : k \in K\} = \{gH : g \in KH = HK\} = HK/H.$$

应用同态基本定理知, $H \cap K \unlhd K$, 而且

$$K/(H \cap K) \cong \mathrm{Im}(\sigma) = HK/H.$$

【例1.2】设 m, n 为正整数, 则 $m\mathbb{Z}$ 与 $n\mathbb{Z}$ 都是加法Abel群 $\mathbb{Z}$ 的正规子群. 依第二同构定理,

$$n\mathbb{Z}/(m\mathbb{Z} \cap n\mathbb{Z}) \cong (m\mathbb{Z} + n\mathbb{Z})/m\mathbb{Z}.$$

事实上, $m\mathbb{Z} + n\mathbb{Z} = (m, n)\mathbb{Z}$ 且 $m\mathbb{Z} \cap n\mathbb{Z} = [m, n]\mathbb{Z}$, 这里 (m, n) 与 $[m, n]$ 分别为 m 和 n 的最大公因子与最小公倍数. 因此 $n\mathbb{Z}/[m, n]\mathbb{Z} \cong (m, n)\mathbb{Z}/m\mathbb{Z}$, 从而

$$\frac{[m, n]}{n} = \frac{m}{(m, n)}, \quad \text{即} \quad (m, n)[m, n] = mn.$$

推论1.1. 设 $H \unlhd G$ 且 $[G : H]$ 有穷, 则对任何 $K \leqslant G$ 有

$$[K : H \cap K] \mid [G : H].$$

证明: 根据第二同构定理, $K/(H \cap K) \cong HK/H$. 两边取基数得 $[K : H \cap K] = |HK/H|$. 由于 $HK/H \leqslant G/H$, 根据Lagrange定理知 $|HK/H|$ 整除 $|G/H|$. 故 $[K : H \cap K] \mid [G : H]$.

引理1.1 (Dedekind律). 设 G 为群, $K \leqslant H \leqslant G$ 且 $L \leqslant G$, 则

$$H \cap KL = K(H \cap L).$$

证明：显然

$$K(H \cap L) \subseteq KH \cap KL = H \cap KL.$$

任给 $h \in H \cap KL$, 有 $k \in K$ 与 $l \in L$ 使得 $h = kl$. 于是

$$k^{-1}h = l \in KH \cap L = H \cap L,$$

从而 $h \in k(H \cap L) \subseteq K(H \cap L)$. 因此 $H \cap KL \subseteq K(H \cap L)$.

综上, $H \cap KL = K(H \cap L)$.

引理1.2. 设 G 为群, $K \trianglelefteq H \leqslant G$ 且 $L \leqslant G$.

(i) 我们有 $K \cap L \trianglelefteq H \cap L$, 而且

$$(H \cap L)/(K \cap L) \cong K(H \cap L)/K.$$

(ii) 如果 $L \trianglelefteq G$, 则

$$KL \trianglelefteq HL, \quad K(H \cap L) \trianglelefteq H,$$

而且

$$HL/KL \cong H/K(H \cap L).$$

证明：(i) 由于 $K \trianglelefteq H$ 且 $H \cap L \leqslant H$, 根据第二同构定理我们得到

$$K \cap L = (H \cap L) \cap K \trianglelefteq H \cap L \text{ 且 } (H \cap L)/(K \cap L) \cong K(H \cap L)/K.$$

(ii) 现在假设 $L \trianglelefteq G$, 于是 $KL \leqslant HL \leqslant G$. 任给 $h \in H$ 与 $l \in L$, 我们有

$$hlKL(hl)^{-1} = hlKLl^{-1}h^{-1} = hlKLh^{-1} = hlLKh^{-1}$$
$$= hLKh^{-1} = LhKh^{-1} = LK = KL.$$

因此 $KL \trianglelefteq HL$. 又 $H \leqslant HL$, 应用第二同构定理得

$$H \cap KL \trianglelefteq H \text{ 且 } H/(H \cap KL) \cong H(KL)/KL = HL/KL.$$

根据引理1.1, $H \cap KL = K(H \cap L)$. 故有所要结果.

定理1.5 (H. Zassenhaus, 1934). 设 G 为群, $L_1 \trianglelefteq H_1 \leqslant G$ 且 $L_2 \trianglelefteq H_2 \leqslant G$. 则

$$(H_1 \cap L_2)L_1 \trianglelefteq (H_1 \cap H_2)L_1, \quad (H_2 \cap L_1)L_2 \trianglelefteq (H_1 \cap H_2)L_2,$$

而且

$$(H_1 \cap H_2)L_1/(H_1 \cap L_2)L_1 \cong (H_1 \cap H_2)L_2/(H_2 \cap L_1)L_2.$$

证明：令 $H = H_1 \cap H_2$. 由于 $L_1 \trianglelefteq H_1$, 对群 H_1 应用第二同构定理得

$$H_2 \cap L_1 = H \cap L_1 \trianglelefteq H.$$

由于 $L_2 \trianglelefteq H_2$, 对群 H_2 应用第二同构定理得 $H_1 \cap L_2 = H \cap L_2 \trianglelefteq H$. 于是

$$K = (H_1 \cap L_2)(H_2 \cap L_1) = (H_2 \cap L_1)(H_1 \cap L_2) \trianglelefteq H.$$

由于 $L_1 \trianglelefteq H_1$, 依引理 1.2(ii) 知

$$(H_1 \cap L_2)L_1 = KL_1 \trianglelefteq HL_1 \text{ 且 } HL_1/KL_1 \cong H/K(H \cap L_1) = H/K,$$

注意 $K(H \cap L_1) = K$ 是因为 $H \cap L_1 \leqslant H_2 \cap L_1 \leqslant K$. 类似地，

$$(H_1 \cap L_2)L_2 = KL_2 \trianglelefteq HL_2 \text{ 且 } HL_2/KL_2 \cong H/K(H \cap L_2) = H/K.$$

于是

$$HL_1/(H_1 \cap L_2)L_1 = HL_1/KL_1 \cong H/K \cong HL_2/KL_2 = HL_2/(H_2 \cap L_1)L_2.$$

定理 1.5 证毕.

§3.2 次正规子群与正规群列

群 G 的子群 H 在 G 中次正规 (subnormal) 指有 G 的有限个子群 $H_0, \cdots, H_n$ 使得

$$H = H_0 \trianglelefteq H_1 \trianglelefteq H_2 \trianglelefteq \cdots \trianglelefteq H_n = G.$$

如果 K 为群 H 的次正规子群, 且 H 为群 G 的次正规子群, 则 K 显然为 G 的次正规子群.

定理 2.1. 设 G 为群, H 与 K 为其子群, 且 H 在 G 中次正规, 则 $H \cap K$ 在 K 中次正规. 如果 $[G : H]$ 有穷, 那么还有 $[K : H \cap K] \mid [G : H]$.

证明：设 $H = H_0 \trianglelefteq H_1 \trianglelefteq \cdots \trianglelefteq H_n = G$.

假设 $i \in \{0, \cdots, n-1\}$. 由于 $H_i \trianglelefteq H_{i+1}$, 根据第二同构定理可得

$$H_i \cap K = H_i \cap (H_{i+1} \cap K) \trianglelefteq H_{i+1} \cap K.$$

如果 $[H_{i+1} : H_i]$ 有穷, 则依推论 1.1 还有

$$[H_{i+1} \cap K : H_i \cap K] \mid [H_{i+1} : H_i].$$

由于

$$H \cap K = H_0 \cap K \trianglelefteq H_1 \cap K \trianglelefteq \cdots \trianglelefteq H_n \cap K = G \cap K = K,$$

我们看到 $H \cap K$ 在 K 中次正规.

如果 $[G:H] = [H_n:H_0]$ 有穷, 那么诸指标 $[H_{i+1}:H_i]$ $(i=0,\cdots,n-1)$ 均有穷, 且

$$[K:H \cap K] = [H_n \cap K : H_0 \cap K] = \prod_{i=0}^{n-1} [H_{i+1} \cap K : H_i \cap K]$$

整除

$$[G:H] = [H_n:H_0] = \prod_{i=0}^{n-1} [H_{i+1}:H_i].$$

综上, 定理2.1获证.

推论2.1. 设 $G_1,\cdots,G_k$ 为群 G 的次正规子群, 则 $\bigcap\limits_{i=1}^{k} G_i$ 也是 G 的次正规子群. 如果诸 $[G:G_i]$ $(i=1,\cdots,k)$ 均有穷, 则还有 $\left[G:\bigcap\limits_{i=1}^{k} G_i\right] \mid \prod\limits_{i=1}^{k} [G:G_i]$.

证明: $k=1$ 时, 这是显然的.

假设 $k > 1$, 且 k 换成 $k-1$ 时结论正确. 依归纳假设, $H = \bigcap\limits_{i=1}^{k-1} G_i$ 在 G 中次正规, 而且 $[G:G_1],\cdots,[G:G_{k-1}]$ 都有穷时 $[G:H] \mid \prod\limits_{i=1}^{k-1} [G:G_i]$. 依定理2.1, $H \cap G_k$ 在 G_k 中次正规, 从而也在 G 中次正规.

假如诸 $[G:G_i]$ $(i=1,\cdots,k)$ 都有穷. 依定理2.1, $[G_k:H \cap G_k] \mid [G:H]$. 于是

$$\left[G:\bigcap_{i=1}^{k} G_i\right] = [G:H \cap G_k] = [G:G_k][G_k:H \cap G_k]$$

整除 $[G:G_k][G:H]$, 从而整除 $\prod\limits_{i=1}^{k} [G:G_i]$.

推论2.1证毕.

定理2.1与推论2.1的后一断言详见孙智伟发表于European J. Combin. [22 (2001)]的论文中引理3.1.

M. Herzog与J. Schönheim在发表于Canad. Math. Bull. [17 (1974)]的论文中提出了下述仍未解决的猜测.

Herzog-Schönheim猜想 (1974). 设 $G_1, \cdots, G_k$ $(k > 1)$ 为群 G 的子群, 而且 $a_1, \cdots, a_k \in G$. 如果左陪集 $a_1 G_1, \cdots, a_k G_k$ 两两不相交且其并为 G, 则诸指标 $[G : G_1], \cdots, [G : G_k]$ (已知都有穷) 不可能两两不同.

当 G 为整数加群 $\mathbb{Z}$ 时, 这是 P. Erdős 的猜想 (被 H. Davenport, L. Mirsky, D. Newman 与 R. Rado 在二十世纪六十年代所证明). 孙智伟在2004年发表于 J. Algebra [273 (2004)] 的论文中证明了上述猜想更广的一个形式在 $G_1, \cdots, G_k$ 为 G 次正规子群时成立.

设 G 为群, $G_0 = \{e\} \lhd G_1 \lhd \cdots \lhd G_n = G$, 则称这样的一个子群列为 G 的**正规群列** (normal series), n 叫做这个正规群列的长度 ($G = \{e\}$ 时 $\{e\}$ 视为 G 的长为0的正规群列), 相应的商群列指

$$G_1/G_0, \ G_2/G_1, \ \cdots, \ G_n/G_{n-1}.$$

设群 G 有两个正规群列

$$G_0 = \{e\} \lhd G_1 \lhd \cdots \lhd G_n = G, \tag{2.1}$$

$$H_0 = \{e\} \lhd H_1 \lhd \cdots \lhd H_m = G. \tag{2.2}$$

如果 $m = n$ 且有 $\sigma \in S_n$ 使得

$$G_i/G_{i-1} \cong H_{\sigma(i)}/H_{\sigma(i-1)} \ \ (i = 1, \cdots, n),$$

则称正规群列(2.1)与(2.2)**等价**. (2.1)中子群都出现在(2.2)中时, 我们称(2.2)为(2.1)的**加细** (refinement). 如果(2.1)没有异于自身的加细, 就称它为 G 的一个**合成群列** (composition series).

定理2.2 (Schreier定理). 群 G 的任两个正规群列有等价的加细.

证明: 假设(2.1)与(2.2)为 G 的两个正规群列, 令

$$G_{i,j} = G_{i-1}(G_i \cap H_j) \ \ (i = 1, \cdots, n; \ j = 0, \cdots, m),$$

再定义

$$H_{j,i} = H_{j-1}(H_j \cap G_i) \ \ (j = 1, \cdots, m; \ i = 0, \cdots, n).$$

注意

$$G_{i-1,m} = G_{i-1} = G_{i,0} \ \ (i = 1, \cdots, n),$$

而且

$$H_{j-1,n} = H_{j-1} = H_{j,0} \ \ (j = 1, \cdots, m).$$

假设 $1 \leqslant i \leqslant n$ 且 $1 \leqslant j \leqslant m$. 由于 $G_{i-1} \trianglelefteq G_i$ 且 $H_{j-1} \trianglelefteq H_j$, 依定理1.5知,

$$G_{i,j-1} = G_{i-1}(G_i \cap H_{j-1}) \trianglelefteq G_{i-1}(G_i \cap H_j) = G_{i,j},$$

$$H_{j,i-1} = H_{j-1}(H_j \cap G_{i-1}) \trianglelefteq H_{j-1}(H_j \cap G_i) = H_{j,i},$$

并且

$$G_{i,j}/G_{i,j-1} \cong H_{j,i}/H_{j,i-1}.$$

由此也可见

$$G_{i,j-1} = G_{i,j} \iff |G_{i,j}/G_{i,j-1}| = 1 \iff |H_{j,i}/H_{j,i-1}| = 1 \iff H_{j,i-1} = H_{j,i}.$$

将子群列

$$\{e\} = G_0 = G_{1,0} \trianglelefteq G_{1,1} \trianglelefteq \cdots \trianglelefteq G_{1,m-1}$$
$$\trianglelefteq G_{1,m} = G_1 = G_{2,0} \trianglelefteq G_{2,1} \trianglelefteq \cdots \trianglelefteq G_{2,m-1}$$
$$\cdots\cdots$$
$$\trianglelefteq G_{n-1,m} = G_{n-1} = G_{n,0} \trianglelefteq G_{n,1} \trianglelefteq \cdots \trianglelefteq G_{n,m-1}$$
$$\trianglelefteq G_{n,m} = G_n = G$$

与

$$\{e\} = H_0 = H_{1,0} \trianglelefteq H_{1,1} \trianglelefteq \cdots \trianglelefteq H_{1,n-1}$$
$$\trianglelefteq H_{1,n} = H_1 = H_{2,0} \trianglelefteq H_{2,1} \trianglelefteq \cdots \trianglelefteq H_{2,n-1}$$
$$\cdots\cdots$$
$$\trianglelefteq H_{m-1,n} = H_{m-1} = H_{m,0} \trianglelefteq H_{m,1} \trianglelefteq \cdots \trianglelefteq H_{m,n-1}$$
$$\trianglelefteq H_{m,n} = H_m = G$$

中重复的子群只保留一个后, 我们得到两个同构的正规群列, 它们分别是(2.1)与(2.2)的加细.

引理2.1. 设 $H \triangleleft G$, 则 H 为 G 的极大正规子群 (即没有 $K \supset H$ 使得 $K \triangleleft G$) 当且仅当 G/H 为单群.

证明: 依第一同构定理, G/H 为单群当且仅当 G 没有真包含 H 的子群 K 使得 $K/H \triangleleft G/H$ (即 $K \triangleleft G$).

由引理2.1易得下述结果.

定理2.3. 群G的一个正规群列

$$G_0 = \{e\} \lhd G_1 \lhd \cdots \lhd G_n = G$$

为合成群列, 当且仅当诸商群$G_1/G_0, \cdots, G_n/G_{n-1}$都为单群.

定理2.4 (Jordan-Hölder定理). 设群G有合成群列.

(i) G的每个正规群列都可加细成一个合成群列;

(ii) G的任两个合成群列等价.

证明: (i) 假设

$$G_0 = \{e\} \lhd G_1 \lhd \cdots \lhd G_n = G$$

为群G的合成群列, 其加细只能是其自身. 依Schreier定理, G的任一个正规群列有个加细与上面的合成群列等价. 而与合成群列等价的正规群列必是合成群列(因为其相应的商群列都由单群组成), 故G的正规群列都可加细成G的合成群列.

(ii) 任给G的两个合成群列, 依Schreier定理, 它们有等价的加细. 而合成群列的加细就是其自身, 故G的任两个合成群列等价.

C. Jordan (1838–1922)　　　　O. Hölder (1859–1937)

历史上先有Jordan-Hölder定理, 后有Schreier的进一步提炼与推广.

定理2.5. 有限群G必有合成群列.

证明: 我们对$|G|$进行归纳.

$|G| = 1$时, $G = \{e\}$, 这时G就是G的长为0的合成群列.

下设$|G| > 1$且阶数小于$|G|$的群都有合成群列. 显然, $\{e\} \lhd G$. 取G的正规真子群H使得$|H|$达最大, 则H为G的极大正规子群且G/H为单群. 依归纳假设, H有合成群列

$$H_0 = \{e\} \lhd H_1 \lhd \cdots \lhd H_m = H.$$

于是

$$H_0 = \{e\} \lhd H_1 \lhd \cdots \lhd H_m \lhd H_{m+1} = G$$

为群 G 的合成群列.

【例2.1】 写出 $G = \mathbb{Z}/12\mathbb{Z}$ 的所有合成群列.

解: 依第一同构定理, Abel群 G 的真子群形如 $d\mathbb{Z}/12\mathbb{Z}$, 这里 $d > 1$ 且 $d \mid 12$. 如果 d 有素因子 $p < d$, 则

$$d\mathbb{Z}/12\mathbb{Z} \lhd p\mathbb{Z}/\mathbb{Z} \lhd \mathbb{Z}/12\mathbb{Z}.$$

因此, $d\mathbb{Z}/12\mathbb{Z}$ 为 $G = \mathbb{Z}/12\mathbb{Z}$ 的极大正规子群当且仅当 d 是12的素因子(即 d 为2或3). 类似地, $2\mathbb{Z}/12\mathbb{Z}$ 的极大正规真子群只有 $4\mathbb{Z}/12\mathbb{Z}$ 与 $6\mathbb{Z}/12\mathbb{Z}$, 而 $3\mathbb{Z}/12\mathbb{Z}$ 的极大正规真子群只有 $6\mathbb{Z}/12\mathbb{Z}$. 由此, 我们可得到 G 的全部合成群列:

$$12\mathbb{Z}/12\mathbb{Z} \lhd 4\mathbb{Z}/12\mathbb{Z} \lhd 2\mathbb{Z}/12\mathbb{Z} \lhd \mathbb{Z}/12\mathbb{Z},$$

$$12\mathbb{Z}/12\mathbb{Z} \lhd 6\mathbb{Z}/12\mathbb{Z} \lhd 2\mathbb{Z}/12\mathbb{Z} \lhd \mathbb{Z}/12\mathbb{Z},$$

$$12\mathbb{Z}/12\mathbb{Z} \lhd 6\mathbb{Z}/12\mathbb{Z} \lhd 3\mathbb{Z}/12\mathbb{Z} \lhd \mathbb{Z}/12\mathbb{Z}.$$

§3.3 导群与可解群

设 G 为群, 对 $x, y \in G$ 我们称

$$[x, y] = x^{-1}y^{-1}xy = (yx)^{-1}xy$$

为 x 与 y 的 **换位子** (commutator). 易见,

$$[x, y] = e \iff (yx)^{-1}xy = e \iff xy = yx,$$

$$[x, y]^{-1} = (x^{-1}y^{-1}xy)^{-1} = y^{-1}x^{-1}yx = [y, x].$$

群 G 的 **导群** (derived group) 指

$$G' = \langle [x, y] : x, y \in G \rangle$$

(由所有换位子生成的子群), 它也叫 G 的 **换位子群**.

对于群 G, 显然

$$G' = \{e\} \iff \forall x \in G \forall y \in G([x, y] = e) \iff G \text{ 是Abel群}.$$

下述定理表明 $G' \trianglelefteq G$.

定理3.1. 设 $H \trianglelefteq G$, 则 $H' \trianglelefteq G$.

证明: 设 $g \in G$. 任给 $h, k \in H$,

$$
\begin{aligned}
g[h, k]g^{-1} &= gh^{-1}k^{-1}hkg^{-1} \\
&= (gh^{-1}g^{-1})(gk^{-1}g^{-1})(ghg^{-1})(gkg^{-1}) \\
&= [ghg^{-1}, gkg^{-1}].
\end{aligned}
$$

由于 $ghg^{-1}, gkg^{-1} \in H$ (因 $H \trianglelefteq G$), 我们有 $g[h, k]g^{-1} \in H'$, 也有

$$
g[h, k]^{-1}g^{-1} = (g[h, k]g^{-1})^{-1} \in H'.
$$

H' 中一般元素 x 可表示成 $[h_1, k_1]^{\varepsilon_1} \cdots [h_n, k_n]^{\varepsilon_n}$ 的形式, 这里 $h_i, k_i \in H$ 且 $\varepsilon_i \in \{\pm 1\}$ $(i = 1, \cdots, n)$. 当 $g \in G$ 时,

$$
gxg^{-1} = g[h_1, k_1]^{\varepsilon_1}g^{-1} \cdots g[h_n, k_n]^{\varepsilon_n}g^{-1} \in H'.
$$

因此 $H' \trianglelefteq G$.

定理3.2. 设 G 为群, 则导群 G' 是使得 G/H 为 Abel 群的 G 的最小正规子群 H.

证明: 由定理3.1, $G' \trianglelefteq G$. 任给 $H \trianglelefteq G$,

$$
G/H \text{为Abel群}
$$
$$
\Longleftrightarrow \forall x, y \in G\,(xHyH = yHxH)
$$
$$
\Longleftrightarrow \forall x, y \in G\,(xyH = yxH)
$$
$$
\Longleftrightarrow \forall x, y \in G\,([x, y] = (yx)^{-1}xy \in H)
$$
$$
\Longleftrightarrow G' \leqslant H.
$$

定理3.2得证.

设 G 为群, 我们让

$$
G^{(0)} = G,\ G^{(1)} = G',\ \cdots,\ G^{(n+1)} = (G^{(n)})',\ \cdots,
$$

并称 $G^{(n)}$ 为 G 的 n 阶导群.

定理3.3. 设G为群, 对$n \in \mathbb{N}$有$G^{(n)} \trianglelefteq G$, 而且$H \trianglelefteq G$时$(G/H)^{(n)} = G^{(n)}H/H$.

证明: 我们对n进行归纳. 显然$G^{(0)} = G \trianglelefteq G$, 而且$H \trianglelefteq G$时$(G/H)^{(0)} = G/H = G^{(0)}H/H$.

设$n \in \mathbb{N}$, $G^{(n)} \trianglelefteq G$, 而且$H \trianglelefteq G$时$(G/H)^{(n)} = G^{(n)}H/H$. 应用定理3.1知$G^{(n+1)} = (G^{(n)})' \trianglelefteq G$. 当$H \trianglelefteq G$时还有

$$
\begin{aligned}
(G/H)^{(n+1)} &= (G^{(n)}H/H)' = \langle (xH)^{-1}(yH)^{-1}xHyH : x, y \in G^{(n)} \rangle \\
&= \langle [x,y]H : x, y \in G^{(n)} \rangle = \{ gH : g \in (G^{(n)})' \} \\
&= \{ ghH : g \in G^{(n+1)} \text{且} h \in H \} = G^{(n+1)}H/H.
\end{aligned}
$$

综上, 定理3.3归纳证毕.

根据定理3.3, 对于群G有

$$
G^{(0)} \trianglerighteq G^{(1)} \trianglerighteq \cdots \trianglerighteq G^{(n)} \trianglerighteq \cdots,
$$

这叫群G的**导列** (derived series). 使得$G^{(n)} = G^{(n+1)}$的最小自然数n存在时, 就把它叫G导列的长度.

如果群G有子群列

$$
G_0 = G \trianglerighteq G_1 \trianglerighteq \cdots \trianglerighteq G_n = \{e\},
$$

使得诸商群

$$
G_0/G_1, \cdots, G_{n-1}/G_n
$$

都是Abel群, 则说G是**可解群** (solvable group), 并称这样的子群列为**Abel列** (abelian series).

定理3.4. 设G为群, 则G可解当且仅当有$n \in \mathbb{N}$使得$G^{(n)} = \{e\}$.

证明: 假如有自然数n使得$G^{(n)} = \{e\}$, 则

$$
G = G^{(0)} \trianglerighteq G' \trianglerighteq \cdots \trianglerighteq G^{(n)} = \{e\}. \tag{3.1}
$$

$0 \leqslant i \leqslant n-1$时, $G^{(i)}/G^{(i+1)} = G^{(i)}/(G^{(i)})'$为Abel群(由定理3.2). 因此(3.1)为$G$的Abel列, G可解.

现在假设群G有Abel列$G_0 = G \trianglerighteq G_1 \trianglerighteq \cdots \trianglerighteq G_n = \{e\}$. 我们来归纳证明$G^{(i)} \leqslant G_i$ $(i = 0, \cdots, n)$.

显然 $G^{(0)} = G = G_0$. 假如 $0 \leqslant i < n-1$ 且 $G^{(i)} \leqslant G_i$, 则

$$
\begin{aligned}
G^{(i+1)} &= (G^{(i)})' \\
&\leqslant G_i' \ (因为 G^{(i)} \leqslant G_i) \\
&\leqslant G_{i+1} \ (由定理3.2以及 G_i/G_{i+1} 为 Abel 群).
\end{aligned}
$$

因此, 对所有的 $i = 0, \cdots, n$ 都有 $G^{(i)} \leqslant G_i$. 特别地, $G^{(n)} \leqslant G_n = \{e\}$, 从而 $G^{(n)} = \{e\}$.

上述证明也表明这样的事实: **对可解群来说, 其导列是下降最快的 Abel 列.**

G 为 Abel 群时, $G \rhd \{e\}$ 为 G 的 Abel 列且 $G' = \{e\}$. 因此 Abel 群是可解群.

定理3.5. 仅有的可解单群是素数阶循环群.

证明: 由第1章知素数阶群一定是循环群, 从而是 Abel 群, 因而可解. 依 Lagrange 定理, 素数阶群也是单群.

现在假设 G 为可解单群. 因 G 可解, 有自然数 n 使得 $G^{(n)} = \{e\}$. 而 $G \neq \{e\}$, 故必 $G' \lhd G$. 由于 G 为单群, 必有 $G' = \{e\}$, 从而 G 为 Abel 单群.

任取 $a \in G \setminus \{e\}$, 由于 $\langle a \rangle$ 在 Abel 单群 G 中正规, 必有 $\langle a \rangle = G$. $o(a)$ 为无穷时, $G = \langle a \rangle$ 有正规真子群 $\langle a^2 \rangle$, 这与 G 为单群矛盾.

设 $o(a)$ 是大于1的正整数 n, p 是 n 的大于1因子中最小的, 则 p 为素数, $\langle a^p \rangle \lhd G = \langle a \rangle$. 于是必有 $\langle a^p \rangle = \{e\}$, $a^p = e$, 从而 $p = n$. 因此 $G = \langle a \rangle$ 为素数阶循环群.

至此, 定理3.5证毕.

定理3.6. 设 G 为可解群, $H \leqslant G$, 则 H 可解. $H \lhd G$ 时, 商群 G/H 亦可解.

证明: 设 $G^{(n)} = \{e\}$. 当 $0 \leqslant i \leqslant n$ 时, $H^{(i)} \leqslant G^{(i)}$. 于是 $H^{(n)} \leqslant G^{(n)} = \{e\}$, 从而 $H^{(n)} = \{e\}$. 故 H 可解.

现在假设 $H \lhd G$. 利用定理3.3知

$$
(G/H)^{(n)} = G^{(n)}H/H = \{e\}H/H = H/H.
$$

因此 G/H 可解.

定理3.7. 设可解群 G 有合成群列

$$
G = G_0 \rhd G_1 \rhd \cdots \rhd G_n = \{e\},
$$

则诸商群 $G_i/G_{i+1} \ (i = 0, \cdots, n-1)$ 都是素数阶循环群.

证明: 任给$i \in \{0, \cdots, n-1\}$, 由定理3.6知G_i与G_i/G_{i+1}都可解. 于是G_i/G_{i+1}为可解单群, 从而是素数阶循环群(由定理3.5).

定理3.8. 设$H \trianglelefteq G$, 且H与G/H都可解, 则G可解.

证明: 设$H_0 = H \trianglerighteq H_1 \trianglerighteq \cdots \trianglerighteq H_m = \{e\}$ 与

$$G/H = G_0/H \trianglerighteq G_1/H \trianglerighteq \cdots \trianglerighteq G_n/H = H/H$$

都是Abel列, 则诸商群$G_i/G_{i+1} \cong (G_i/H)/(G_{i+1}/H)$ $(0 \leqslant i \leqslant n-1)$均为Abel群. 于是

$$G = G_0 \trianglerighteq G_1 \trianglerighteq \cdots \trianglerighteq G_n = H = H_0 \trianglerighteq H_1 \trianglerighteq \cdots \trianglerighteq H_m = \{e\}$$

为Abel列, 因此G可解.

定理3.9. 设$H \trianglelefteq G$且$K \trianglelefteq G$, 则

$$G/H与G/K都可解 \iff G/(H \cap K)可解.$$

证明: $\Leftarrow$: 由于$H/(H \cap K)$为可解群$G/(H \cap K)$的正规子群, 利用定理3.6与第一同构定理知

$$G/H \cong (G/(H \cap K))/(H/(H \cap K))$$

可解. 类似地, G/K可解.

$\Rightarrow$: 由于G/H可解且$K/(H \cap K) \cong HK/H \leqslant G/H$(由第二同构定理), $K/(H \cap K)$必可解. 依第一同构定理,

$$(G/(H \cap K))/(K/(H \cap K)) \cong G/K$$

亦可解. 故利用定理3.8可得$G/(H \cap K)$可解.

§3.4 对称群与交错群

根据Cayley定理(参见第2章定理1.4), n阶群G可嵌入对称群$S(G)$中. X为n元集时, $S(X) \cong S_n = S(\{1, \cdots, n\})$.

设$a_1, \cdots, a_k$为非空集合X中不同元素, X上**循环置换**(或**轮换**) (cyclic permutation) $(a_1 \cdots a_k)$指如下的置换$\sigma \in S(X)$:

$$\sigma(a_1) = a_2, \sigma(a_2) = a_3, \cdots, \sigma(a_{k-1}) = a_k, \sigma(a_k) = a_1,$$

并且 $x \in X \setminus \{a_1, \cdots, a_k\}$ 时 $\sigma(x) = x$.

轮换 $(a_1 \cdots a_k)$ 的长度指 k, 长为 2 的轮换 $(a_1 a_2)$ 也叫**对换**(transpose).

定理4.1. 设 $\sigma = (a_1 \cdots a_k)$ 与 $\tau = (b_1 \cdots b_l)$ 为非空集 X 上的轮换. 假如它们不相交(即 $\{a_1, \cdots, a_k\} \cap \{b_1, \cdots, b_l\} = \emptyset$), 则 $\sigma\tau = \tau\sigma$.

证明: 显然

$$\sigma\tau(a_k) = \sigma(\tau(a_k)) = \sigma(a_k) = a_1 = \tau(a_1) = \tau(\sigma(a_k)) = \tau\sigma(a_k);$$

对于 $i = 1, \cdots, k-1$, 则有

$$\sigma\tau(a_i) = \sigma(\tau(a_i)) = \sigma(a_i) = a_{i+1},$$
$$\tau\sigma(a_i) = \tau(\sigma(a_i)) = \tau(a_{i+1}) = a_{i+1}.$$

因此, 对 $i = 1, \cdots, k$ 都有 $\sigma\tau(a_i) = \tau\sigma(a_i)$. 类似地, 对 $j = 1, \cdots, l$ 都有 $\sigma\tau(b_j) = \tau\sigma(b_j)$.

如果 $x \in X$ 不属于 $\{a_1, \cdots, a_k, b_1, \cdots, b_l\}$, 则

$$\sigma\tau(x) = \sigma(\tau(x)) = \sigma(x) = x \text{ 且 } \tau\sigma(x) = \tau(\sigma(x)) = \tau(x) = x.$$

由上可见, 对任何 $x \in X$ 都有 $\sigma\tau(x) = \tau\sigma(x)$. 因此 $\sigma\tau = \tau\sigma$.

定理4.2. 设 X 为有穷非空集, 对每个 $\sigma \in S(X)$ 有唯一的 X 的分类

$$\Pi = \{\{a_{11}, \cdots, a_{1\ell_1}\}, \cdots, \{a_{k1}, \cdots, a_{k\ell_k}\}\}$$

使得

$$\sigma = (a_{11} \cdots a_{1\ell_1}) \cdots (a_{k1} \cdots a_{k\ell_k}).$$

【例4.1】对称群 S_8 中置换

$$\sigma = \begin{pmatrix} 1 & 2 & 3 & 4 & 5 & 6 & 7 & 8 \\ 2 & 4 & 5 & 3 & 1 & 8 & 7 & 6 \end{pmatrix}$$

可如下表示成不相交轮换的乘积:

$$\sigma = (12435)(68)(7) = (12435)(68).$$

由这个例子, 我们能看出如何证明定理4.2.

定理4.3. 非空集 X 上长为 ℓ 的轮换可表示成 $\ell - 1$ 个对换的乘积.

证明：设$(a_1 \cdots a_\ell)$是X上ℓ-轮换(即长为ℓ的轮换), 则

$$(a_1 \cdots a_\ell) = (a_1 a_\ell)(a_1 a_{\ell-1}) \cdots (a_1 a_2).$$

这容易检验. 例如: $(a_1 a_2 a_3) = (a_1 a_3)(a_1 a_2)$可这样看出:

$$
\begin{array}{ccc}
a_1 & a_2 & a_3 \\
a_2 & a_1 & a_3 \quad (a_1 与 a_2 对调) \\
a_2 & a_3 & a_1 \quad (a_1 与 a_3 对调).
\end{array}
$$

根据定理4.2与定理4.3, 有穷非空集X上的置换都可写成有限个X上对换的乘积.

对于$\sigma \in S_n$, 如果$1 \leqslant i < j \leqslant n$但$\sigma(i) > \sigma(j)$, 我们就说有序对$\langle i, j \rangle$是个逆序对. σ的逆序对总个数

$$N_\sigma = |\{\langle i,j \rangle : 1 \leqslant i < j \leqslant n \text{ 且 } \sigma(i) > \sigma(j)\}|$$

为奇数时, 我们称σ为**奇置换** (odd permutation); N_σ为偶数时, 称σ为**偶置换** (even permutation). 置换σ的**符号** (sign) 指$\mathrm{sign}(\sigma) = (-1)^{N_\sigma}$, 它正好是$\displaystyle\prod_{1 \leqslant i < j \leqslant n} (\sigma(j) - \sigma(i))$ 的符号.

回忆一下, 线性代数中数域上n阶行列式如下定义:

$$\det[a_{i,j}]_{1 \leqslant i,j \leqslant n} = \sum_{\sigma \in S_n} \mathrm{sign}(\sigma) a_{1,\sigma(1)} \cdots a_{n,\sigma(n)}.$$

定理4.4. (i) 对于$\sigma, \tau \in S_n$, 有$\mathrm{sign}(\sigma\tau) = \mathrm{sign}(\sigma)\mathrm{sign}(\tau)$.

(ii) $\tau \in S_n$是m个对换乘积时, $\mathrm{sign}(\tau) = (-1)^m$.

证明：设$\sigma \in S_n$且$1 \leqslant k < \ell \leqslant n$, 则

$$
\begin{aligned}
\prod_{1 \leqslant i < j \leqslant n} (\sigma(j) - \sigma(i)) = {} & (\sigma(l) - \sigma(k)) \prod_{\substack{1 \leqslant i < j \leqslant n \\ \{i,j\} \cap \{k,\ell\} = \emptyset}} (\sigma(j) - \sigma(i)) \\
& \times (-1)^{\ell-k-1} \prod_{i \neq k, \ell} (\sigma(i) - \sigma(k))(\sigma(i) - \sigma(\ell)).
\end{aligned}
$$

把上式中$\sigma(k)$与$\sigma(\ell)$互换后, 等式右边明显改变了符号. 注意乘积

$$\prod_{1 \leqslant i < j \leqslant n} (\sigma(k\ell)(j) - \sigma(k\ell)(i))$$

就相当于把乘积 $\prod\limits_{1\leqslant i<j\leqslant n}(\sigma(j)-\sigma(i))$ 中 $\sigma(k)$ 与 $\sigma(\ell)$ 互换. 因此

$$\text{sign}(\sigma(k\ell))=-\text{sign}(\sigma).$$

将 $\tau\in S_n$ 写成有限个对换的乘积 $(i_1j_1)\cdots(i_mj_m)$, 应用上面结果知, 对任何 $\sigma\in S_n$ 有

$$\text{sign}(\sigma\tau)=-\text{sign}(\sigma(i_1j_1)\cdots(i_{m-1}j_{m-1}))=\cdots=(-1)^m\text{sign}(\sigma).$$

特别地, 取 $\sigma=(1)$ 时这给出 $\text{sign}(\tau)=(-1)^m$.

综上, 定理4.4得证.

推论4.1. 设 n 为正整数, 则

$$A_n=\{\sigma\in S_n:\ \sigma\text{为偶置换}\}\unlhd S_n.$$

$n\geqslant 2$ 时, $S_n/A_n\cong C_2=\{\pm 1\}$ 且 $|A_n|=\dfrac{n!}{2}$.

证明: 显然 $A_1=S_1=\{(1)\}$, 从而 $A_1\unlhd S_1$.

设 $n\geqslant 2$, 则把 $\sigma\in S_n$ 映到 $\text{sign}(\sigma)$ 是 S_n 到 $C_2=\{\pm 1\}$ 的满同态(注意对换(12)为奇置换), 且其同态核为 A_n. 依同态基本定理, $A_n\unlhd S_n$ 且 $S_n/A_n\cong C_2$. 故 $|A_n|=\dfrac{|S_n|}{2}=\dfrac{n!}{2}$.

推论4.1中定义的 A_n 叫做**交错群** (alternating group). 对于整数 $n>1$, 对称群 S_n 中奇置换与偶置换各占一半. 虽然 $\tau\in S_n$ 写成对换乘积的方式可能有好多种, 但所用对换个数的奇偶性是确定的.

根据定理4.3, 长为 ℓ 的轮换是 $\ell-1$ 个对换的乘积, 因而其符号为 $(-1)^{\ell-1}$.

【例4.2】$A_2=\{(1)\}=\{(2)\}$, $A_3=\{(1),(123),(132)\}$. 交错群 A_4 中 $\dfrac{4!}{2}=12$ 个元素(写成不相交轮换的乘积)如下:

$$(1),(123),(132),(124),(142),(134),(143),$$
$$(234),(243),(12)(34),(13)(24),(14)(23).$$

引理4.1. 设 n 为大于1的整数, 则

$$S_n=\langle(12),(12\cdots n)\rangle.$$

如果 $n\geqslant 3$, 则还有

$$A_n=\langle(123),\cdots,(12n)\rangle.$$

证明： 由定理4.2, 每个$\sigma \in S_n$可表示成不相交轮换的乘积. 依定理4.3的证明, S_n中长为ℓ的轮换$(i_1 \cdots , i_\ell)$可表示成$\ell-1$个含i_1的对换的乘积$(i_1 i_\ell) \cdots (i_1 i_2)$. 对于$j \in \{1, \cdots , n\}$ $\setminus \{i_1, \cdots , i_\ell\}$, 容易验证

$$(i_1 \cdots i_\ell) = (j i_1 \cdots i_\ell)(i_\ell j),$$

从而$(i_1 \cdots i_\ell)$也可表示成含j的对换的乘积. 因此每个$\sigma \in S_n$可表示成含1的对换的乘积, 亦即

$$S_n = \langle (12), \cdots , (1n) \rangle. \tag{4.1}$$

容易检验, $3 \leqslant m \leqslant n$时

$$(1m) = (m, m-1) \cdots (32)(12)(23) \cdots (m-1, m),$$

这表明$(1m)$可表示成相邻对换的乘积. 而$1 < i \leqslant n$时

$$(i, i+1) = (12 \cdots n)(i-1, i)(12 \cdots n)^{-1},$$

故诸相邻对换又可由(12)与$(12 \cdots n)$生成. 于是, $2 \leqslant m \leqslant n$时, $(1m)$可由(12)与$(12 \cdots n)$生成. 因此

$$S_n = \langle (12), \cdots , (1n) \rangle = \langle (12), (12 \cdots n) \rangle.$$

设$n \geqslant 3$. 对称群S_n中每个置换可表示成若干个含1的对换的乘积, 交错群A_n中偶置换可表示成偶数个含1对换的乘积. 对于$2 < i \leqslant n$, 易见

$$((12)(1i))^{-1} = (1i)(12) = (12i).$$

如果$i, j \in \{3, \cdots , n\}$且$i \neq j$, 则

$$(1i)(1j) = (1ji) = (12i)^{-1}(12j)(12i).$$

因此, $A_n = \langle (123), \cdots , (12n) \rangle$.

定理4.5. 任给正整数n, 我们有$S_n' = A_n$.

证明： S_1与S_2的阶数分别是1与2, 故$n = 1, 2$时S_n为Abel群, 从而$S_n' = \{(1)\} = A_n$.

下面假设$n \geqslant 3$. 由于$A_n \trianglelefteq S_n$且S_n/A_n为2阶Abel群, 根据定理3.2知$S_n' \leqslant A_n$. 当$3 \leqslant i \leqslant n$时

$$(12i) = (1i2)^2 = (12)(1i)(12)(1i) = [(12), (1i)] \in S_n',$$

故$A_n = \langle (123), \cdots , (12n) \rangle \leqslant S_n'$. 因此$S_n' = A_n$.

A_1, A_2, A_3的阶分别是$1, 1, 3$, 于是$n = 1, 2, 3$时A_n为Abel群, 从而$A_n' = \{(1)\}$.

定理4.6. A_4' 就是Klein四元群

$$K = \{(1), (12)(34), (13)(24), (14)(23)\}, \tag{4.2}$$

从而 $A_4'' = K' = \{(1)\}$.

证明: 令

$$a = (12)(34), \quad b = (13)(24), \quad c = (14)(23),$$

容易验证

$$a^2 = b^2 = c^2 = (1), \ ab = ba = c, \ ac = ca = b, \ bc = cb = a.$$

因此(4.2)给出的 K 就是Klein四元群.

易检验

$$a = [(123), (124)], \ b = [(132), (134)], \ c = [(142), (143)],$$

故 $K \leqslant A_4'$. 注意 $|A_4'|$ 整除 $|A_4| = \frac{4!}{2} = 12$.

由于 $|A_4| = 2^2 \times 3$, 依第二章定理4.3, A_4 有 2^2 阶或3阶正规子群 H. 因 H 与 A_4/H 是3阶或 2^2 阶的, 它们都是Abel群. 因此 $\{(1)\} \triangleleft H \triangleleft A_4$ 为Abel列, A_4 可解. 如果 $A_4' = A_4$, 则对任何 $n \in \mathbb{N}$ 都有 $A_4^{(n)} = A_4 \neq \{(1)\}$, 这与 A_4 可解矛盾.

由上可见, $K \leqslant A_4' \triangleleft A_4$. 由于

$$[A_4 : A_4'][A_4' : K] = [A_4 : K] = \frac{12}{4} = 3,$$

而且 $[A_4 : A_4'] > 1$, 必有 $[A_4' : K] = 1$, 即 $A_4' = K$. 而 K 为Abel群, 故 $A_4'' = K' = \{(1)\}$.

定理4.7. 对于整数 $n \geqslant 5$, 我们有 $A_n' = A_n$.

证明: 任给 $3 \leqslant i \leqslant n$, 取 $j, k \in \{3, \cdots, n\}$ 使得 i, j, k 两两不同(由于 $n \geqslant 5$ 这是可以办到的), 于是

$$(12i) = (12k)(1ij)(1k2)(1ji) = [(1k2), (1ji)] \in A_n'.$$

而 $A_n = \langle (12i) : 3 \leqslant i \leqslant n \rangle$, 故 $A_n \subseteq A_n' \subseteq A_n$, 从而 $A_n' = A_n$.

综合定理4.5~4.7, 我们得到Galois的下述著名结果.

定理4.8. 设 n 为正整数, $n \leqslant 4$ 时 S_n 与 A_n 都可解, 但 $n \geqslant 5$ 时 S_n 与 A_n 都不是可解群.

Galois洞察到复数域上一元n次字母系数的代数方程

$$x^n + a_1 x^{n-1} + \cdots + a_{n-1} x + a_n = 0$$

根式可解当且仅当对称群S_n可解. 因此, 由上述定理, 他从群的角度说明了$n \geqslant 5$时一元n次字母系数的代数方程在复数域上不是根式可解的(此前Abel从另一个角度证明了这个结果).

Galois还证明了$n \geqslant 5$时A_n是单群, 这比A_n不可解更强(因为可解单群只有素数阶循环群).

定理4.9 (Galois). 任给整数$n \geqslant 5$, 交错群A_n为单群.

证明: 设$H \trianglelefteq G$且$H \neq \{(1)\}$, 我们要证$H = A_n$.

由引理4.1, $A_n = \langle (123), (124), \cdots, (12n) \rangle$. 假如$H$含有一个长为3的轮换$(i_1 i_2 i_3)$, 在$\{1, \cdots, n\} \setminus \{i_1, i_2, i_3\}$中取两个不同数$i_4$与$i_5$, 则

$$(i_4 i_5)(i_1 i_2 i_3)(i_4 i_5)^{-1} = (i_1 i_2 i_3)(i_4 i_5)(i_4 i_5)^{-1} = (i_1 i_2 i_3).$$

任给$3 \leqslant j \leqslant n$, 作$\sigma \in S_n$使得

$$\sigma(i_1) = 1, \ \sigma(i_2) = 2, \ \sigma(i_3) = j.$$

对于$\tilde{\sigma} = \sigma(i_4 i_5)$, 我们有

$$\sigma'(i_1 i_2 i_3)\tilde{\sigma}^{-1} = \sigma(i_4 i_5)(i_1 i_2 i_3)(i_4 i_5)^{-1}\sigma^{-1} = \sigma(i_1 i_2 i_3)\sigma^{-1} = (12j).$$

σ与$\tilde{\sigma}$中有一个为偶置换, 从而属于A_n. 而$(i_1 i_2 i_3)$属于A_n的正规子群H, 故有$(12j) \in H$. 因此$H \supseteq \langle (123), \cdots, (12n) \rangle = A_n$, 从而$H = A_n$.

余下只需假定H不含3-轮换来导出矛盾. 取$\tau \in H \setminus \{(1)\}$使得

$$\mathrm{Fix}(\tau) = \{1 \leqslant i \leqslant n : \tau(i) = i\}$$

的基数最大, $i \in \mathrm{Fix}(\tau)$时我们称i为τ的**不动点**(fixed point). 由于$\tau \neq (1)$, 我们有$|\mathrm{Fix}(\tau)| \leqslant n - 2$. 如果$|\mathrm{Fix}(\tau)| = n - 2$, 则$\tau$是个对换, 这与$\tau \in A_n$矛盾. 倘若$|\mathrm{Fix}(\tau)| = n - 3$, 则$\tau$为3-轮换, 这与$H$不含3-轮换矛盾. 因此$|\mathrm{Fix}(\tau)| \leqslant n - 4$.

考虑τ的轮换分解式.

第一种情形: τ轮换分解式中有长度至少为3的轮换$(i_1 i_2 i_3 \cdots)$.

由于$|\mathrm{Fix}(\tau)| \leqslant n-4$且4-轮换不是偶置换, 必有两个不同的$i_4, i_5 \in \{1, \cdots, n\} \setminus \{i_1, i_2, i_3\}$使得它们都是$\tau$的动点. 对于偶置换$\sigma = (i_3 i_4 i_5)$, 易见

$$\sigma \tau \sigma^{-1}(i_1) = \sigma(\tau(i_1)) = \sigma(i_2) = i_2,$$
$$\sigma \tau \sigma^{-1}(i_2) = \sigma(\tau(i_2)) = \sigma(i_3) = i_4 \neq \tau(i_2).$$

又$\tau \in H \trianglelefteq A_n$, 故$\tau' = \tau^{-1}(\sigma \tau \sigma^{-1}) \in H \setminus \{(1)\}$. 注意$i_1, i_2, i_3, i_4, i_5$都不是$\tau$的不动点, 但

$$\tau'(i_1) = \tau^{-1}(\sigma \tau \sigma^{-1}(i_1)) = \tau^{-1}(i_2) = i_1.$$

第二种情形: τ轮换分解式中只有对换, 即形如$(i_1 i_2)(i_3 i_4) \cdots$.

取$i_5 \in \{1, \cdots, n\} \setminus \{i_1, i_2, i_3, i_4\}$, 再令$\sigma = (i_3 i_4 i_5)$, 则

$$\sigma \tau \sigma^{-1}(i_1) = \sigma(\tau(i_1)) = \sigma(i_2) = i_2 = \tau(i_1),$$
$$\sigma \tau \sigma^{-1}(i_2) = \sigma(\tau(i_2)) = \sigma(i_1) = i_1 = \tau(i_2),$$
$$\sigma \tau \sigma^{-1}(i_4) = \sigma(\tau(i_3)) = \sigma(i_4) = i_5 \neq \tau(i_4),$$
$$\sigma \tau \sigma^{-1}(i_5) = \sigma(\tau(i_4)) = \sigma(i_3) = i_4 \neq \tau(i_5).$$

于是$\tau' = \tau^{-1}(\sigma \tau \sigma^{-1}) \in H \setminus \{(1)\}$. 注意$i_1, i_2, i_3, i_4, i_5$中只有$i_5$可能是$\tau$的不动点, 但$i_1$与$i_2$都是$\tau'$的不动点.

无论发生第一种还是第二种情形, 如果$j \in \{1, \cdots, n\} \setminus \{i_1, i_2, i_3, i_4, i_5\}$为$\tau$的不动点, 则$j$也是$\tau'$的不动点, 因为

$$\tau'(j) = \tau^{-1}\sigma \tau \sigma^{-1}(j) = \tau^{-1}\sigma(\tau(j)) = \tau^{-1}(\sigma(j)) = \tau^{-1}(j) = j.$$

将此与上面对两种情形的讨论相结合, 我们得到

$$\tau \in H \setminus \{(1)\} \ \text{且} \ |\mathrm{Fix}(\tau')| > |\mathrm{Fix}(\tau)|.$$

这与τ的选取矛盾.

综上, 定理4.9得证.

§3.5 群的直积

集合$X_1, \cdots, X_n$的笛卡尔积$X_1 \times \cdots \times X_n$由诸有序$n$元组(或说$n$元向量)

$$x = \langle x_1, \cdots, x_n \rangle \ \ (x_1 \in X_1, \cdots, x_n \in X_n)$$

构成.

设 $G_1, \cdots, G_n$ 都是群. 对 $G = G_1 \times \cdots \times G_n$ 中元

$$x = \langle x_1, \cdots, x_n \rangle \ \text{与} \ y = \langle y_1, \cdots, y_n \rangle,$$

我们定义其乘积为

$$x \circ y = \langle x_1 y_1, \cdots, x_n y_n \rangle.$$

定理5.1. 设 $G_1, \cdots, G_n$ 为群, 则 $G = G_1 \times \cdots \times G_n$ 按上述乘法运算 $\circ$ 形成群.

证明: 对于 $x, y, z \in G$,

$$\begin{aligned}
(x \circ y) \circ z &= \langle x_1 y_1, \cdots, x_n y_n \rangle \langle z_1, \cdots, z_n \rangle \\
&= \langle (x_1 y_1) z_1, \cdots, (x_n y_n) z_n \rangle = \langle x_1(y_1 z_1), \cdots, x_n(y_n z_n) \rangle \\
&= \langle x_1, \cdots, x_n \rangle \langle y_1 z_1, \cdots, y_n z_n \rangle \\
&= x \circ (y \circ z).
\end{aligned}$$

故 G 按运算 $\circ$ 形成半群.

设 $e_1, \cdots, e_n$ 分别是群 $G_1, \cdots, G_n$ 的单位元, 那么 $e = \langle e_1, \cdots, e_n \rangle$ 为 G 的单位元, 因为对 $x = \langle x_1, \cdots, x_n \rangle \in G$ 有

$$e \circ x = \langle e_1 x_1, \cdots, e_n x_n \rangle = x = \langle x_1 e_1, \cdots, x_n e_n \rangle = x \circ e.$$

显然, $x \in G$ 在 G 中有逆元 $x^{-1} = \langle x_1^{-1}, \cdots, x_n^{-1} \rangle$. 因此 G 按运算 $\circ$ 形成群.

定理5.1中的群 $G = G_1 \times \cdots \times G_n$ 叫做群 $G_1, \cdots, G_n$ 的**(外)直积** ((outer) direct product).

【例5.1】对于二阶循环群 $C_2 = \{1, -1\}$, 直积 $C_2 \times C_2$ 有四个元素:

$$e = \langle 1, 1 \rangle, \ a = \langle 1, -1 \rangle, \ b = \langle -1, 1 \rangle, \ c = \langle -1, -1 \rangle.$$

这里 e 为单位元, $a^2 = b^2 = c^2 = e, ab = ba = c$, 还有 $ac = ca = b$ 与 $bc = cb = a$. 故 Klein 四元群同构于 $C_2 \times C_2$.

定理5.2. 设 $G_1, \cdots, G_n$ 为群, $G = G_1 \times \cdots \times G_n$ 为其 (外) 直积. 对 $i = 1, \cdots, n$, 令

$$G_i^* = \{\langle x_1, \cdots, x_n \rangle \in G : x_i \in G_i, \ \text{并且} \ j \neq i \text{时} x_j = e_j\}.$$

当 $1 \leqslant i \leqslant n$ 时,

$$G_i \cong G_i^* \trianglelefteq G \text{ 而且 } G_i^* \cap \prod_{j \neq i} G_j^* = \{e\}.$$

此外, $G_1^* \cdots G_n^* = G.$

证明比较容易, 留给读者自己思考.

定理5.3. 设 $G_1, \cdots, G_n$ 为群 G 的正规子群, 则下面三个条件彼此等价:

(a) 对 $i = 1, \cdots, n$, 有 $G_i \cap \prod_{j \neq i} G_j = \{e\}$.

(b) 每个 $x \in G$ 可用至多一种方式表示成 $x_1 \cdots x_n$, 这里 $x_1 \in G_1, \cdots, x_n \in G_n$.

(c) e 表示成 $x_1 \cdots x_n$ (其中 $x_i \in G_i$) 时必有 $x_1 = \cdots = x_n = e$.

证明: (a)$\Rightarrow$(b): 设 $x_1 \cdots x_n = y_1 \cdots y_n$, 这里 $x_i, y_i \in G_i$ $(i = 1, \cdots, n)$. 则

$$(x_1 \cdots x_{n-1})^{-1}(y_1 \cdots y_{n-1}) = x_n y_n^{-1} \in G_1 \cdots G_{n-1} \cap G_n = \{e\},$$

从而 $x_n = y_n$ 且 $x_1 \cdots x_{n-1} = y_1 \cdots y_{n-1}$. 当 $n > 2$ 时, 由

$$(x_1 \cdots x_{n-2})^{-1} y_1 \cdots y_{n-2} = x_{n-1} y_{n-1}^{-1} \in G_1 \cdots G_{n-2} G_n \cap G_{n-1} = \{e\}$$

得 $x_{n-1} = y_{n-1}$ 与 $x_1 \cdots x_{n-2} = y_1 \cdots y_{n-2}$. 如此进行下去, 最后可得

$$x_n = y_n, \ x_{n-1} = y_{n-1}, \ \cdots, \ x_1 = y_1.$$

(b)$\Rightarrow$(c): 这是显然的, 因为 e 自乘 n 次仍是 e.

(c)$\Rightarrow$(a): 假设 $G_i \cap \prod_{j \neq i} G_j$ 中有个元素

$$x_i = x_1 \cdots x_{i-1} x_{i+1} \cdots x_n,$$

其中 $x_j \in G_j$ $(j = 1, \cdots, n)$. 由于 $G_j \trianglelefteq G$, $x_j' = x_i^{-1} x_j x_i \in G_j$ 而且 $x_i^{-1} x_j = x_j' x_i^{-1}$. 因此

$$e = x_i^{-1} x_1 \cdots x_{i-1} x_{i+1} \cdots x_n = x_1' x_i^{-1} x_2 \cdots x_{i-1} x_{i+1} \cdots x_n$$
$$= \cdots = x_1' x_2' \cdots x_{i-1}' x_i^{-1} x_{i+1} \cdots x_n.$$

依 (c) 应有 $x_1' = \cdots = x_{i-1}' = x_i^{-1} = x_{i+1} = \cdots x_n = e$, 于是 $x_i = e$. 这就说明了 $G_i \cap \prod_{j \neq i} G_j = \{e\}$.

综上, 定理5.3得证.

设 $G_1, \cdots, G_n$ 为群 G 的正规子群. 如果 G 中每个元可唯一地表示成 $x_1 \cdots x_n$ 的形式(其中 $x_1 \in G_1, \cdots, x_n \in G_n$), 等价地 $G_1 \cdots G_n = G$ 且 $G_i \cap \prod\limits_{j \neq i} G_j = \{e\}$ $(i = 1, \cdots, n)$, 则称 G 为其正规子群 $G_1, \cdots, G_n$ 的**内直积** (inner direct product).

定理5.2表明群 $G_1, \cdots, G_n$ 的外直积 $G_1 \times \cdots \times G_n$ 是其正规子群 $G_1^*, \cdots, G_n^*$ 的内直积, 这里

$$G_i^* = \{\langle x_1, \cdots, x_n \rangle \in G : x_i \in G_i, \ 并且 j \neq i 时 x_j = e_j\} \cong G_i.$$

引理5.1. 设 $H \trianglelefteq G$, $K \trianglelefteq G$, 且 $H \cap K = \{e\}$. 则对任何的 $h \in H$ 与 $k \in K$ 都有 $hk = kh$.

证明: 由于 H 与 K 在 G 中正规,

$$[h, k] = h^{-1}(k^{-1}hk) = (h^{-1}k^{-1}h)k$$

既属于 H 又属于 K. 因此 $[h, k] = e$, 即 $hk = kh$.

定理5.4. 设群 G 为其正规子群 $G_1, \cdots, G_n$ 的内直积, 则 G 同构于外直积 $G_1 \times \cdots \times G_n$.

证明: 对于 $x = \langle x_1, \cdots, x_n \rangle \in G_1 \times \cdots \times G_n$, 定义 $\sigma(x) = x_1 \cdots x_n$. 而 G 是 $G_1, \cdots, G_n$ 的内直积, 故 σ 是 $G_1 \times \cdots \times G_n$ 到 G 的双射.

设 $1 \leqslant i, j \leqslant n$ 且 $i \neq j$, 则 $G_i \cap G_j \subseteq G_i \cap \prod\limits_{r \neq i} G_r = \{e\}$. 由于 $G_i \trianglelefteq G$ 且 $G_j \trianglelefteq G$, 利用引理5.1知, $x_i \in G_i$ 且 $x_j \in G_j$ 时 $x_i x_j = x_j x_i$.

对 $G_1 \times \cdots \times G_n$ 中元 $x = \langle x_1, \cdots, x_n \rangle$ 与 $y = \langle y_1, \cdots, y_n \rangle$, 我们有

$$\begin{aligned}
\sigma(xy) &= \sigma(\langle x_1 y_1, \cdots, x_n y_n \rangle) = (x_1 y_1) \cdots (x_n y_n) \\
&= (x_1 y_1) \cdots (x_{n-2} y_{n-2}) x_{n-1} x_n y_{n-1} y_n \\
&= \cdots = (x_1 \cdots x_n)(y_1 \cdots y_n) = \sigma(x)\sigma(y).
\end{aligned}$$

综上, σ 是 $G_1 \times \cdots \times G_n$ 到 G 的同构. 证毕.

鉴于定理5.4, 我们可不区分内直积与外直积, 统称为**直积** (direct product).

【例5.2】 设 p 为素数, p^2 阶群 G 不是循环群, 试证明 $G \cong C_p \times C_p$, 这里 C_p 表示 p 阶循环群.

证明: 任取 $a \in G \setminus \{e\}$, $o(a) = |\langle a \rangle|$ 整除 $|G| = p^2$ 但不等于 p^2, 故 $o(a) = p$. 取 $b \in G \setminus \langle a \rangle$, 则也有 $o(b) = p$. 由于 $\langle a \rangle \neq \langle b \rangle$, 依 Lagrange 定理必有 $\langle a \rangle \cap \langle b \rangle = \{e\}$.

根据第 2 章定理 2.4, G 是 Abel 群, 从而 $\langle a \rangle$ 与 $\langle b \rangle$ 都是 G 的正规子群. 由上知 $\langle a \rangle \langle b \rangle$ 是 $\langle a \rangle$ 与 $\langle b \rangle$ 的内直积, 利用定理 5.4 得 $\langle a \rangle \langle b \rangle \cong \langle a \rangle \times \langle b \rangle$. 因此, $\langle a \rangle \langle b \rangle$ 中有 p^2 个元素,

$$G = \langle a \rangle \langle b \rangle \cong \langle a \rangle \times \langle b \rangle \cong C_p \times C_p.$$

§3.6 Abel 群的结构

设 G 为有限群, 满足

$$\forall x \in G(x^n = e)$$

的最小正整数 n 叫做群 G 的**幂指数** (exponent), 记为 $\exp(G)$. 易见 $\exp(G)$ 就是诸 $o(x)$ $(x \in G)$ 的最小公倍数.

设 $n_1, \cdots, n_k$ 为正整数, 容易看出 $\exp(C_{n_1} \times \cdots \times C_{n_k})$ 正是 $n_1, \cdots, n_k$ 的最小公倍数 $[n_1, \cdots, n_k]$ ($g_1, \cdots, g_k$ 分别是 $C_{n_1}, \cdots, C_{n_k}$ 生成元时, $\langle g_1, \cdots, g_k \rangle$ 的阶为 $[n_1, \cdots, n_k]$).

引理 6.1. 设 Abel 群 G 中元素 a 与 b 的阶是互素的正整数, 则 $o(ab) = o(a)o(b)$.

证明: 设 $o(a) = m$, $o(b) = n$. 由于

$$(ab)^{mn} = (a^m)^n (b^n)^m = e,$$

$k = o(ab)$ 整除 mn.

因 $(ab)^k = e$, 我们有 $a^k = b^{-k}$. 于是

$$a^{kn} = (b^n)^{-k} = e \ \text{且} \ b^{-km} = (a^m)^k = e.$$

因此 $m \mid kn$ 且 $n \mid km$. 由于 m 与 n 互素, 必有 $m \mid k$ 且 $n \mid k$, 从而 $mn = [m, n]$ 整除 k. 故 $o(ab) = k = mn$.

定理 6.1. 设 G 为有限 Abel 群, 则 $\exp(G) = \max_{g \in G} o(g)$.

证明: 取 $a \in G$ 使得 $o(a) = \max_{g \in G} o(g)$.

假如有$b \in G$使得$o(b) \nmid o(a)$, 则有素数p使得$\alpha = \mathrm{ord}_p a$小于$\beta = \mathrm{ord}_p b$. 写$o(a) = p^\alpha m$, $o(b) = p^\beta n$, 这里m与n都是不被p整除的正整数. 由于$o(a^{p^\alpha}) = m$与$o(b^n) = p^\beta$互素, 依引理6.1有

$$o(a^{p^\alpha} b^n) = p^\beta m > p^\alpha m = o(a),$$

这与a的选取矛盾.

综上, $o(a)$为诸$o(x)$ $(x \in G)$的最小公倍数, 从而$o(a) = \exp(G)$.

推论6.1. 设$n_1, \cdots, n_k$为两两互素的正整数, 则

$$C_{n_1} \times \cdots \times C_{n_k} \cong C_{n_1 \cdots n_k}.$$

证明: 让$G = C_{n_1} \times \cdots \times C_{n_k}$, 则

$$\exp(G) = [n_1, \cdots, n_k] = n_1 \cdots n_k = |G|.$$

依定理6.1有$g \in G$使得$o(g) = \exp(G) = |G|$, 从而$G = \langle g \rangle$为$n_1 \cdots n_k$阶循环群.

定理6.2. 设G为有限Abel群, $|G| = p_1^{\alpha_1} \cdots p_n^{\alpha_n}$, 这里$p_1, \cdots, p_n$为不同素数, $\alpha_1, \cdots, \alpha_n$为正整数. 对$i = 1, \cdots, n$, 让$G_i$为$G$唯一的Sylow p_i-子群(即$p_i^{\alpha_i}$阶子群), 则G与直积$G_1 \times \cdots \times G_n$同构.

证明: H与K是G的正规子群时, 依第二同构定理知$HK/H \cong K/(H \cap K)$, 从而$|HK|$整除$|H| \cdot |K|$. 因此, $1 \leqslant i \leqslant n$时, $\left| \prod_{j \neq i} G_j \right|$整除$\prod_{j \neq i} |G_j| = \prod_{j \neq i} p_j^{\alpha_j}$, 它与$|G_i| = p_i^{\alpha_i}$互素. 故根据Lagrange定理可得$G_i \cap \prod_{j \neq i} G_j = \{e\}$ $(i = 1, \cdots, n)$.

由上一段, $H = G_1 \cdots G_n$为其正规子群$G_1, \cdots, G_n$的内直积. 于是

$$H \cong G_1 \times \cdots \times G_n, \quad |H| = \prod_{i=1}^n |G_i| = \prod_{i=1}^n p_i^{\alpha_i} = |G|.$$

因此$G = H \cong G_1 \times \cdots \times G_n$.

引理6.2. 设G为有限Abel群, $a \in G$且$o(a) = \exp(G)$, 则有$H \leqslant G$使得G为$\langle a \rangle$与H的内直积.

证明: 取基数最大的$H \leqslant G$使得$\langle a \rangle \cap H = \{e\}$, 显然$\langle a \rangle H$为$\langle a \rangle$与$H$的内直积. 下面假定$\langle a \rangle H \neq G$, 我们来导出矛盾.

取$x \in G \setminus \langle a \rangle H$使得$o(x)$达最小. 写$o(x) = pq$, 这里$p$为素数且$q$为正整数. 由于$o(x^p) = q < o(x)$, 必有$x^p \in \langle a \rangle H$, 亦即有$m \in \mathbb{Z}$及$h \in H$使得$x^p = a^m h$. 考虑到

$$a^{mq} = x^{pq} h^{-q} = h^{-q} \in \langle a \rangle \cap H = \{e\}$$

而且$pq = o(x)$整除$o(a) = \exp(G)$, 必有$pq \mid mq$, 从而有$n \in \mathbb{Z}$使得$m = pn$. 令$b = xa^{-n}$, 则$b^p = x^p a^{-m} = h \in H$. 由于$x \notin \langle a \rangle H$, 我们还有$b \notin \langle a \rangle H$, 特别地$b \notin H$.

假设$a^j \in b^k H$ (其中$j, k \in \mathbb{Z}$), 则$b^k \in \langle a \rangle H$. 又$b^p \in H \subseteq \langle a \rangle H$且$(k, p)$可表示成$ks + pt$的形式(其中$s, t \in \mathbb{Z}$), 我们得到$b^{(k,p)} \in \langle a \rangle H$. 但$b \notin \langle a \rangle H$且$p$为素数, 必有$(k, p) = p$, 即$p \mid k$. 而$b^p \in H$, 故有$a^j \in (b^p)^{k/p} H = H$, 从而$a^j \in \langle a \rangle \cap H = \{e\}$. 因此$\langle a \rangle \cap \langle b \rangle H = \{e\}$, 这与$H$的选取矛盾(注意$b \notin H$).

定理6.3 (有限Abel群结构定理). 设G是阶大于1的有限Abel群.

(i) 有唯一的一组大于1的整数$n_1, \cdots, n_r$, 使其满足$n_1 \mid n_2 \mid \cdots \mid n_r$, 而且$G \cong C_{n_1} \times \cdots \times C_{n_r}$.

(ii) 设$|G| = \prod_{i=1}^n p_i^{\alpha_i}$, 这里$p_1, \cdots, p_n$为不同素数且$\alpha_1, \cdots, \alpha_n \in \mathbb{Z}^+$. 则有唯一的一组正整数

$$\alpha_{11} \leqslant \cdots \leqslant \alpha_{1\ell_1}, \quad \cdots, \quad \alpha_{n1} \leqslant \cdots \leqslant \alpha_{n\ell_n}, \tag{6.1}$$

使得

$$G \cong C_{p_1^{\alpha_{11}}} \times \cdots \times C_{p_1^{\alpha_{1\ell_1}}} \times \cdots \times C_{p_n^{\alpha_{n1}}} \times \cdots \times C_{p_n^{\alpha_{n\ell_n}}}. \tag{6.2}$$

证明: (i) 取$a_1 \in G$使得$o(a_1) = \exp(G) > 1$. 依引理6.2有$H_1 \leqslant G$使得G为$\langle a_1 \rangle$与H_1的内直积. 因$\langle a_1 \rangle \cap H_1 = \{e\}$, 我们有$a_1 \notin H_1$, 从而$|H_1| < |G|$. 如果$|H_1| > 1$, 取$a_2 \in H_1$使得$o(a_2) = \exp(H_1)$, 依引理6.2又有$H_2 \leqslant H_1$使得$H_1$为$\langle a_2 \rangle$与$H_2$的内直积. 因$\langle a_2 \rangle \cap H_2 = \{e\}$, 我们有$a_2 \notin H_2$, 从而$|H_2| < |H_1|$. 类似进行下去, 我们可找出$a_1, a_2, \cdots, a_r \in G$以及子群链$H_1 > H_2 > \cdots > H_r = \{e\}$, 使得$1 \leqslant i < r$时$o(a_{i+1}) = \exp(H_i)$, 而且$H_i$是$\langle a_{i+1} \rangle$与$H_{i+1}$的内直积. 于是

$$G = \langle a_1 \rangle H_1 = \langle a_1 \rangle \langle a_2 \rangle H_2 = \cdots = \langle a_1 \rangle \cdots \langle a_r \rangle.$$

如果$a_1^{m_1} a_2^{m_2} \cdots a_r^{m_r} = e$ (其中$m_1, \cdots, m_r \in \mathbb{Z}$), 则

$$a_1^{-m_1} = a_2^{m_2} \cdots a_r^{m_r} \in \langle a_1 \rangle \cap H_1 = \{e\},$$

$$a_2^{-m_2} = a_3^{m_3} \cdots a_r^{m_r} \in \langle a_2 \rangle \cap H_2 = \{e\},$$

继续下去最后得到

$$a_1^{m_1} = a_2^{m_2} = \cdots = a_r^{m_r} = e.$$

因此 $G = \langle a_1 \rangle \cdots \langle a_r \rangle$ 为 $\langle a_1 \rangle, \cdots, \langle a_r \rangle$ 的内直积, 从而

$$G \cong \langle a_r \rangle \times \cdots \times \langle a_1 \rangle.$$

注意 $n_1 = o(a_r) = \exp(H_{r-1}) > 1$, 而且 $1 \leqslant i < r$ 时

$$n_i = o(a_{r-i+1}) = \exp(H_{r-i})$$

整除

$$n_{i+1} = o(a_{r-i}) = \exp(H_{r-i-1})$$

(因为 $a_{r-i+1} \in H_{r-i} \subseteq H_{r-i-1}$). 注意 $G \cong C_{n_1} \times \cdots \times C_{n_r}$.

假如还有 $G \cong C_{m_1} \times \cdots \times C_{m_s}$, 这里 $m_1, \cdots, m_s$ 为正整数且 $1 < m_1 \mid m_2 \mid \cdots \mid m_s$. 注意

$$n_r = \exp(C_{n_1} \times \cdots \times C_{n_r}) = \exp(G) = \exp(C_{m_1} \times \cdots \times C_{m_s}) = m_s,$$

从而

$$\prod_{0 < i < r} n_i = \frac{|G|}{n_r} = \frac{|G|}{m_s} = \prod_{0 < j < s} m_j.$$

假如 $r > 1$ 或 $s > 1$, 则 r 与 s 都大于 1. 如果 $n_{r-1} < m_{s-1}$, 则

$$|\{g^{n_{r-1}} : g \in C_{n_1} \times \cdots \times C_{n_{r-1}} \times C_{n_r}\}| = |\{g^{n_{r-1}} : g \in C_{n_r}\}| = \frac{n_r}{n_{r-1}}$$

但

$$|\{g^{n_{r-1}} : g \in C_{m_1} \times \cdots \times C_{m_{s-1}} \times C_{m_s}\}| > |\{g^{n_{r-1}} : g \in C_{m_s}\}| = \frac{n_r}{n_{r-1}}$$

(因为 $m_{s-1} \nmid n_{r-1}$), 这与

$$C_{n_1} \times \cdots \times C_{n_r} \cong C_{m_1} \times \cdots \times C_{m_s}$$

矛盾. 类似地, $m_{s-1} < n_{r-1}$ 时也可得到矛盾. 因此 $n_{r-1} = m_{s-1}$, 从而

$$\prod_{0 < i < r-1} n_i = \frac{|G|}{n_{r-1} n_r} = \frac{|G|}{m_{s-1} m_s} = \prod_{0 < j < s-1} m_j.$$

如果$r > 2$或$s > 2$, 则r与s都大于2, 类似于上面可证$n_{r-2} = m_{s-2}$. 继续讨论下去, 我们最后得到$r = s$且$n_i = m_i$ $(i = 1, \cdots, r)$.

(ii) 对$i = 1, \cdots, n$, 让G_i为G唯一的Sylow p_i-子群. 根据定理6.2有$G \cong G_1 \times \cdots \times G_r$. 由(i)知, $1 \leqslant i \leqslant r$时有唯一的一组正整数$\alpha_{i1} \leqslant \cdots \leqslant \alpha_{i\ell_i}$使得

$$G_i \cong C_{p_i^{\alpha_{i1}}} \times \cdots \times C_{p_i^{\alpha_{i\ell_i}}},$$

从而(6.2)成立. 反过来, 如果有正整数组(6.1)满足(6.2), 则$1 \leqslant i \leqslant r$时

$$C_{p_i^{\alpha_{i1}}} \times \cdots \times C_{p_i^{\alpha_{i\ell_i}}}$$

同构于G唯一的Sylow p_i-子群

$$G_i = \{g \in G : o(g)\text{为}p_i\text{幂次}\},$$

因而由(i)知$\alpha_{i1}, \cdots, \alpha_{i\ell_i}$由$G_i$唯一确定.

综上, 定理6.3得证.

定理6.3(i)中的r叫做有限Abel群G的**秩** (rank), n_r正是$\exp(G)$.

【例6.1】不同构的36阶Abel群有多少个?

解: $36 = 2^2 \times 3^2$, 依定理6.3知36阶Abel群只有下面4种:

$$C_{2^2} \times C_{3^2} \cong C_{36},$$
$$C_2 \times C_2 \times C_{3^2} \cong C_2 \times C_{18} \ (2 \mid 18),$$
$$C_{2^2} \times C_3 \times C_3 \cong C_3 \times C_{12} \ (3 \mid 12),$$
$$C_2 \times C_2 \times C_3 \times C_3 \cong C_6 \times C_6 \ (6 \mid 6).$$

下面这个猜想仅在$k = 1, 2$时被证明了.

猜想 (J. E. Olson, J. Number Theory, 1969). 任给$a_1, \cdots, a_{k(n-1)+1} \in \mathbb{Z}_n^k$ (其中$\mathbb{Z}_n^k$表示k个加法循环群$\mathbb{Z}_n = \mathbb{Z}/n\mathbb{Z}$的直积), 必有$\{1, \cdots, k(n-1) + 1\}$的非空子集$I$使得$\sum_{i \in I} a_i = 0$.

Abel群G是**有限生成的** (finitely generated), 指存在有限个G中元$a_1, \cdots, a_n$使得

$$G = \langle a_1, \cdots, a_n \rangle = \{a_1^{m_1} \cdots a_n^{m_n} : m_1, \cdots, m_n \in \mathbb{Z}\},$$

这样的$\{a_1, \cdots, a_n\}$叫G的生成系. 如果Abel群G有n元生成系但没有元素个数更少的生成系, 我们就称其n元生成系为极小生成系.

引理6.3. 设有限生成的Abel群G有个n元极小生成系,则G有n个循环子群使得它们的内直积为G.

证明: 我们对n进行归纳. $n = 1$时, G本身是个循环群,从而有所要的结论.

下面假设$n > 1$,并假设有$n-1$元极小生成系的Abel群总可表示成其$n-1$个循环子群的内直积. 如果G有n元极小生成系$\{a_1, \cdots, a_n\}$,使得没有不全为0的整数$m_1, \cdots, m_n$满足$\prod\limits_{i=1}^{m} a_i^{m_i} = e$,则$G$就是$\langle a_1 \rangle, \cdots, \langle a_n \rangle$的内直积.

现在假设有不全为0的整数$m_1, \cdots, m_n$与n元极小生成系$\{a_1, \cdots, a_n\}$,使得$\prod\limits_{i=1}^{m} a_i^{m_i} = e$. 取这样的$m_1, \cdots, m_n$与$n$元极小生成系$\{a_1, \cdots, a_n\}$使得

$$\min\{|m_i| : 1 \leqslant i \leqslant n \text{ 且 } m_i \neq 0\}$$

达到最小,不妨设$|m_1|$为这样的最小值. 如果$2 \leqslant j \leqslant n$但$m_1 \nmid m_j$,则可写$m_j = m_1 q + r$(其中$q, r \in \mathbb{Z}$且$0 < r < |m_1|$),从而

$$(a_1 a_j^q)^{m_1} a_j^r \prod_{\substack{i=2 \\ i \neq j}}^{n} a_i^{m_i} = \prod_{i=1}^{n} a_i^{m_i} = e,$$

这导致矛盾(因$\{a_1 a_j^q, a_2, \cdots, a_n\}$也为$G$的$n$元极小生成系且$0 < r < |m_1|$). 因此可写$m_j = m_1 q_j$ $(j = 2, \cdots, n)$,其中$q_j \in \mathbb{Z}$. 令$b_1 = a_1 a_2^{q_2} \cdots a_n^{q_n}$,则

$$b_1^{m_1} = a_1^{m_1} a_2^{m_2} \cdots a_n^{m_n} = e.$$

而$0 < m < |m_1|$时$b_1^m = a_1^m \prod\limits_{1 < j \leqslant n} a_j^{m q_j} \neq e$(否则与$m_1$的选取矛盾),故有$o(b_1) = |m_1|$.

由于$\{a_1, \cdots, a_n\}$为G的n元极小生成系且$b_1 = a_1 a_2^{q_2} \cdots a_n^{q_n}$,显然$\{b_1, a_2, \cdots, a_n\}$也是$G$的$n$元极小生成系. $H = \langle a_2, \cdots, a_n \rangle$的极小生成系的元素个数不可能少于$n-1$(否则$G$有元素个数少于$n$的生成系了),依归纳假设有$b_2, \cdots, b_n \in H$使得$H$为$\langle b_2 \rangle, \cdots, \langle b_n \rangle$的内直积. 于是

$$G = \langle b_1 \rangle H = \langle b_1 \rangle \langle b_2 \rangle \cdots \langle b_n \rangle.$$

假如$b_1^{k_1} b_2^{k_2} \cdots b_n^{k_n} = e$,其中$k_1, \cdots, k_n \in \mathbb{Z}$且$0 \leqslant k_1 < o(b_1) = |m_1|$. 则$b_1^{k_1} = b_2^{-k_2} \cdots b_n^{-k_n} \in H$,从而

$$a_1^{k_1} a_2^{k_1 q_2} \cdots a_n^{k_n q_n} = b_1^{k_1} \in H = \langle a_2, \cdots, a_n \rangle.$$

由m_1的选取知必有$k_1 = 0$,从而也有$b_2^{k_2} \cdots b_n^{k_n} = e$. 而$H$为$\langle b_2 \rangle, \cdots, \langle b_n \rangle$的内直积,故必有$b_2^{k_2} = \cdots = b_n^{k_n} = e$.

由上可见, G 为其循环子群 $\langle b_1 \rangle, \cdots, \langle b_n \rangle$ 的内直积. 引理6.3证毕.

对于Abel群 G, 易见

$$\mathrm{Tor}(G) = \{a \in G: \ o(a)\text{有穷}\}$$

为 G 的子群, 它叫 G 的**挠子群** (torsion subgroup).

如果Abel群 G 的挠子群里只有单位元, 我们就说 G 是**无挠的** (torsion-free). 例如: n 个无穷循环群(同构于整数加群 $\mathbb{Z}$)的直积就是无挠Abel群.

定理6.4. 设无限Abel群 G 是有限生成的. 则 $\mathrm{Tor}(G)$ 有穷, 且有唯一的正整数 r 使得 $G \cong \mathrm{Tor}(G) \times \mathbb{Z}^r$, 这里 $\mathbb{Z}^r$ 表示 r 个整数加群 $\mathbb{Z}$(无穷循环群)的直积.

证明: 依引理6.3, 有 $a_1, \cdots, a_n \in G$ 使得 G 为 $\langle a_1 \rangle, \cdots, \langle a_n \rangle$ 的内直积. 由于 $|G|$ 为无穷, $a_1, \cdots, a_n$ 不能都是有限阶的. 注意 G 也是 $\langle e \rangle, \langle a_1 \rangle, \cdots, \langle a_n \rangle$ 的内直积. 不妨设 $a_1, \cdots, a_k$ 是有限阶的, $a_{k+1}, \cdots, a_n$ 是无限阶的. 显然

$$H = \langle a_1, \cdots, a_k \rangle = \langle a_1 \rangle \cdots \langle a_k \rangle \leqslant \mathrm{Tor}(G).$$

对于 G 中 d 阶元 $g = a_1^{m_1} \cdots a_n^{m_n}$ (其中 $m_1, \cdots, m_n \in \mathbb{Z}$), 我们有

$$e = g^d = a_1^{dm_1} \cdots a_n^{dm_n}.$$

而 G 为 $\langle a_1 \rangle, \cdots, \langle a_n \rangle$ 的内直积, 故有

$$a_{k+1}^{dm_{k+1}} = \cdots = a_n^{dm_n} = e.$$

但 $a_{k+1}, \cdots, a_n$ 都是无穷阶的, 必有 $m_{k+1} = \cdots = m_n = 0$, 因而 $g = a_1^{m_1} \cdots a_k^{m_k} \in H$.

由上可见, $\mathrm{Tor}(G) = H = \langle a_1 \rangle \cdots \langle a_k \rangle$, 而且 G 是 H 与 $\langle a_{k+1} \rangle, \cdots, \langle a_n \rangle$ 的内直积. 因此 $\mathrm{Tor}(G)$ 是 G 的有限子群, 而且

$$G \cong \mathrm{Tor}(G) \times \langle a_{k+1} \rangle \times \cdots \times \langle a_n \rangle \cong \mathrm{Tor}(G) \times \mathbb{Z}^r,$$

其中 $r = n - k$ 为正整数. 令 $t = |\mathrm{Tor}(G)|$, 则 $\forall g \in \mathrm{Tor}(G)(g^t = e)$, 因而 $\{g^t: \ g \in G\} \cong (t\mathbb{Z})^r \cong \mathbb{Z}^r$.

假如还有 $G \cong \mathrm{Tor}(G) \times \mathbb{Z}^s$, 这里 s 为正整数. 则

$$\mathbb{Z}^r \cong \{g^t: \ g \in G\} \cong (t\mathbb{Z})^s \cong \mathbb{Z}^s.$$

设σ是$\mathbb{Z}^r$到$\mathbb{Z}^s$的同构, 对于$x \in \mathbb{Z}^r$, 显然σ把$2x = x + x$ 映到$\sigma(x) + \sigma(x) = 2\sigma(x)$. 因此$\sigma((2\mathbb{Z})^r) = (2\mathbb{Z})^s$, 从而利用第3章定理1.1(ii)知$\mathbb{Z}^r/(2\mathbb{Z})^r \cong \mathbb{Z}^s/(2\mathbb{Z})^s$. 计算这个等式两边基数得$2^r = 2^s$, 从而$r = s$.

综上, 定理6.4得证.

如果无穷Abel群G是有限生成的, 其秩指定理6.4中的正整数r.

下述猜想在G为无挠Abel群时已被证明, 参见孙智伟发表于J. Algebraic Combin. [54 (2021)] 的论文.

猜想 (孙智伟, 2018). 设n为正整数, 群G没有阶为$2, \cdots, n+1$之一的元素. 则G的任何n元子集有个元素列举$a_1, \cdots, a_n$, 使得诸a_k^k $(k = 1, \cdots, n)$两两不同.

§3.7 有限单群的分类简介

有限生成Abel群的结构数学家搞清楚了, 可解群是比Abel群更广的一类群.

设p为素数, 由第2章定理2.4知p^2群一定是Abel群, 但一般的p-群不一定是Abel群. 根据本章定理1.3, p-群总可解. 由第2章定理4.3知, q是不同于p的素数时, p^2q阶群可解.

定理7.1 (Burnside定理). 设p, q为不同素数, 且$\alpha, \beta \in \mathbb{N}$, 则$p^\alpha q^\beta$阶群可解.

1963年, W. Feit与J. G. Thompson在*Pacific J. Math.*上发表了254页的长文, 证明了下述结果(原为Burnside 的猜想).

定理7.2 (Feit-Thompson定理). 奇数阶群都可解.

W. Feit (1930–2004)　　　J. G. Thompson (1932–)

由于可解单群都是素数阶的, 此定理表明奇合数阶群都不是单群. 所以合数阶单群必然是偶数阶的.

鉴于有限群都有合成群列, 而合成群列的商群都是单群, 有限单群对于群论来说犹如素数对数论那样既基本又重要. 经过一个多世纪的努力, 直至2004年数学家最终确认完成所有有限单群的寻找与分类.

定理7.3 (有限单群分类定理). 有限单群必是下述之一:

(1) 素数阶循环群;

(2) 交错群 A_n $(n \geqslant 5)$;

(3) Lie型单群;

(4) 26个已知的散在单群.

26个散在单群中阶数最大的是**大魔群** (Fischer-Griess Monster group) M, 其阶数为

$$2^{46}3^{20}5^97^611^213^3 \times 17 \times 19 \times 23 \times 29 \times 31 \times 41 \times 47 \times 59 \times 71$$

$$= 808017424794512875886459904961710757005754368000000000$$

$$\approx 8 \times 10^{53}.$$

此单群最初由B. Fischer与R. Griess在1973年左右预言, 1989年最终被确认.

第 3 章 习 题

1. 设 H 是有限群 G 的正规子群, K 是 G 的子群, 证明 $|HK|$ 整除 $|H| \cdot |K|$.

2. 假设 H 为群 G 的正规子群, K 为 G 的次正规子群. 证明 HK 是 G 的次正规子群.

3. 设 H 是群 G 的次正规子群, 对任何 $g \in G$ 证明 gHg^{-1} 也是群 G 的次正规子群.

4. 设 H 是群 G 的次正规子群且 $[G : H]$ 有穷, 证明 $P(|G/H_G|) = P([G : H])$, 这里 H_G 是 H 在 G 中的正规核, $P(n)$ 指 n 的所有不同素因子构成的集合.

5. 设 G 为有限 Abel 群, H 为 G 的极大真子群, 证明 $[G : H]$ 为素数.

6. 设 p^n 是整除有限群 G 阶数的素数幂次, 证明 G 必有 p^n 阶子群.

7. 整数加群 $\mathbb{Z}$ 是否有合成群列?

8. 给出循环群 $\mathbb{Z}/18\mathbb{Z}$ 所有的合成群列.

9. 设 196 阶群 G 有合成群列 $\{e\} = G_0 \lhd G_1 \lhd \cdots \lhd G_n = G$, 求长度 n 的值.

10. 对于 S_5 中元素 $\sigma = (13524)$ 与 $\tau = (12)(345)$, 把 $\sigma\tau\sigma^{-1}$ 写成不相交轮换的乘积.

11. 设 $\sigma \in S_n$ 可以写成 m 个长度分别为 $k_1, \cdots, k_m$ 的互不相交的轮换的乘积, 求 σ 的阶 $o(\sigma)$.

12. 证明 $n > 2$ 时 $Z(S_n) = \{(1)\}$, $n > 3$ 时 $Z(A_n) = \{(1)\}$.

13. 设 G 为合数阶单群, 证明 $G' = G$, 这里 G' 为群 G 的导群.

14. 设 H 与 K 都是群 G 的正规子群, 而且 G/H 与 G/K 都可解. 如何由 G/H 与 G/K 的 Abel 列来找出 $G/(H \cap K)$ 的一个 Abel 列?

15. 任给两个群 G_1 与 G_2, 证明 $G_1 \times G_2 \cong G_2 \times G_1$.

16. 证明本章定理 5.2.

17. 设 H 与 K 都是可解群, 证明它们的直积 $H \times K$ 也可解.

18. 设 G 为 n 阶加法 Abel 群. 任给 $a_1, \cdots, a_n \in G$, 证明有 $1 \leqslant j \leqslant k \leqslant n$ 使得 $\sum\limits_{i=j}^{k} a_i = 0$.

19. 互不同构的 72 阶 Abel 群有多少个?

20. 乘法群 $\{z \in \mathbb{C} : |z| = 1\}$ 是否为有限生成的 Abel 群?

第4章　环论基础

§4.1 环的概念与基本性质

大家在前三章学了群论, 群中只有一个运算. 现在我们介绍的环涉及两个运算.

设非空集 R 上有 $+$(加)与 $\cdot$(乘)两个二元运算, R 按 $+$ 与 $\cdot$ 形成**环** (ring) (或说 $\langle R, +, \cdot \rangle$ 为环结构) 指下述三条表述成立:

(i) R 按加法形成 Abel 群;

(ii) R 按乘法形成半群;

(iii) R 的乘法对加法服从分配律, 即对任何 $a, b, c \in R$ 有

$$a \cdot (b + c) = a \cdot b + a \cdot c \ \ \text{与} \ \ (b + c) \cdot a = b \cdot a + c \cdot a.$$

环 R 中元素 a 与 b 的乘积 $a \cdot b$ 常简写成 ab.

设 R 为环. 如果 R 有特殊元 1 使得 $\forall a \in R \, (1a = a = a1)$, 则称 1 为 R 的**单位元**(或幺元), 并说 R 是**带单位元的环**或**幺环**. 注意 R 不可能有两个不同的单位元.

如果环 R 的乘法满足交换律, 即对任何 $a, b \in R$ 有 $ab = ba$, 则称 R 为**交换环** (commutative ring).

假如环 R 中元素 a 与 b 都非零, 但 $ab = 0$, 则称 a 与 b 为环 R 的**零因子**(zero divisor), a 为**左零因子**, b 为**右零因子**.

无零因子的交换幺环叫做**整环** (integral domain). 只含零元的环 $O = \{0\}$ 叫做**零环** (zero ring).

【例1.1】全体整数按整数的加法与乘法构成整环 $\mathbb{Z}$, 这个环叫做**整数环** (the ring of integers).

【例1.2】设 m 为正整数, 全体模 m 剩余类 $\bar{a} = a + m\mathbb{Z} \, (a \in \mathbb{Z})$ 依剩余类的加法与乘法构成交换幺环 $\mathbb{Z}/m\mathbb{Z}$, 这个环叫**模 m 的剩余类环** (the ring of residue classes modulo m). 这个环中乘对加的分配律可作如下说明:

$$\bar{a}(\bar{b} + \bar{c}) = \overline{ab + c} = \overline{a(b + c)} = \overline{ab + ac} = \overline{ab} + \overline{ac} = \bar{a}\bar{b} + \bar{a}\bar{c}.$$

【例1.3】环R上的一元多项式形如

$$P(x) = a_0 + a_1x + \cdots + a_nx^n \ (n \in \mathbb{N}, \ a_0, \cdots, a_n \in R)$$

(其中x叫**未定元**). 对于整数$m > n$, 我们约定

$$a_0 + a_1x + \cdots + a_nx^n + 0x^{n+1} + \cdots + 0x^m = a_0 + a_1x + \cdots + a_nx^n.$$

如果$Q(x) = b_0 + b_1x + \cdots + b_mx^m$也是环$R$上多项式, 则定义

$$P(x) + Q(x) = (a_0 + b_0) + (a_1 + b_1)x + \cdots,$$

$$P(x)Q(x) = a_0b_0 + \sum_{\substack{0 < k \leqslant m+n}} \left(\sum_{\substack{i+j=k \\ 0 \leqslant i \leqslant n \\ 0 \leqslant j \leqslant m}} a_ib_j \right) x^k.$$

如此环R上全体带未定元x的多项式$P(x)$依加法与乘法构成R上**一元多项式环**$R[x]$.

如果环R有单位元1, 则$R[x]$有单位元$x^0 = 1$. R为交换环时$R[x]$亦为交换环.

假如幺环R没有零因子, 则$R[x]$亦无零因子. 事实上, 对于$R[x]$中非零元

$$f(x) = \sum_{i=0}^{m} a_ix^{m-i} \quad \text{与} \quad g(x) = \sum_{j=0}^{n} b_jx^{n-j}$$

(其中a_0与b_0都非零), 其乘积$f(x)g(x)$的x^{m+n}项系数a_0b_0非零(因R无零因子).

由上可见, R为整环时$R[x]$也是整环. 特别地, $\mathbb{Z}[x]$为整环.

【例1.4】设R为环, 让

$$M_n(R) = \{n\text{阶方阵} A = (a_{ij})_{1 \leqslant i,j \leqslant n} : \ a_{ij} \in R\}.$$

对$M_n(R)$中元$A = (a_{ij})_{1 \leqslant i,jls n}$与$B = (b_{ij})_{1 \leqslant i,j \leqslant n}$, 定义

$$A + B = (a_{ij} + b_{ij})_{1 \leqslant i,j \leqslant n}, \quad AB = \left(\sum_{k=1}^{n} a_{ik}b_{kj} \right)_{1 \leqslant i,j \leqslant n}.$$

则$M_n(R)$按这样的矩阵加法与乘法形成环, 它叫R上**n阶矩阵环**.

环R有单位元1时, $M_n(R)$的单位元是n阶单位矩阵$I_n = (\delta_{ij})_{1 \leqslant i,j \leqslant n}$, 这里Kronecker符号$\delta_{ij}$在$i = j$时取值1, 此外取值0.

R为交换环时$M_n(R)$未必是交换环, 环R无零因子时$M_n(R)$仍可能有零因子. 例如: 在$M_2(\mathbb{Z})$中我们有

$$\begin{pmatrix} 1 & -1 \\ -1 & 1 \end{pmatrix} \begin{pmatrix} 1 & 1 \\ 2 & 2 \end{pmatrix} = \begin{pmatrix} -1 & -1 \\ 1 & 1 \end{pmatrix},$$

$$\begin{pmatrix} 1 & 1 \\ 2 & 2 \end{pmatrix} \begin{pmatrix} 1 & -1 \\ -1 & 1 \end{pmatrix} = \begin{pmatrix} 0 & 0 \\ 0 & 0 \end{pmatrix}.$$

对于环 R, 我们用 0 表示 R 的零元 (即加法单位元), 当 $a, b \in R$ 时我们称 $a - b = a + (-b)$ 为 a 与 b 的差.

定理1.1. (i) 对环 R 中任一元 a, 我们有 $0a = a0 = 0$, 这里 0 是 R 的零元.

(ii) 如果幺环 R 不是零环, 则其单位元是非零元.

证明: (i) 显然

$$0 + 0a = 0a = (0 + 0)a = 0a + 0a,$$

两边减去 $0a$ 得 $0a = 0$. 类似地, 由

$$0 + a0 = a0 = a(0 + 0) = a0 + a0$$

两边减去 $a0$ 得 $a0 = 0$.

(ii) 幺环 R 中有非零元 a 时, $0a = 0 \neq a = 1a$, 从而 $1 \neq 0$.

定理1.2. 设 R 为环, $a_1, \cdots, a_m, b_1, \cdots, b_n \in R$, 则

$$(a_1 + \cdots + a_m)(b_1 + \cdots + b_n) = \sum_{i=1}^{m} \sum_{j=1}^{n} a_i b_j. \tag{1.1}$$

证明: 记 $b = \sum_{j=1}^{n} b_j$, 则

$$(a_1 + \cdots + a_m)b = (a_1 + \cdots + a_{m-1})b + a_m b = \cdots = a_1 b + \cdots + a_m b.$$

对于 $1 \leqslant i \leqslant m$,

$$a_i b = a_i(b_1 + \cdots + b_{n-1}) + a_i b_n = \cdots = a_i b_1 + \cdots + a_i b_n = \sum_{j=1}^{n} a_i b_j.$$

故等式 (1.1) 成立.

设 a 为环 R 中元素. 对于正整数 n, 我们定义

$$na = \underbrace{a + \cdots + a}_{n \text{个}}, \quad (-n)a = n(-a) = \underbrace{-a - \cdots - a}_{n \text{个}};$$

对于自然数 0, 我们把 $0a$ 定义成 R 的零元.

定理1.3. 设 R 为环, $m \in \mathbb{Z}$ 且 $a, b \in R$, 则有

$$(ma)b = a(mb) = m(ab).$$

证明比较容易, 留给读者思考.

定理1.4. 设R为环, 则R无零因子当且仅当R中有如下的消去律: $a, b, c \in R$ 且$a \neq 0$时, 由$ab = ac$可得$b = c$, 由$ba = ca$也可得$b = c$.

证明: 假如R具有消去律. 如果$a, b \in R \setminus \{0\}$且$ab = 0$, 则$ab = a0$, 从而依消去律得$b = 0$, 这与$b \neq 0$矛盾. 因此$R$没有零因子.

下面假设R无零因子, $a, b, c \in R$且$a \neq 0$. 显然

$$ab = ac \Rightarrow a(b - c) = ab - ac = 0 \Rightarrow b - c = 0 \Rightarrow b = c,$$

类似地, $ba = ca \Rightarrow (b - c)a = 0 \Rightarrow b = c$.

对于环中元a与b, 如果$ab = ba$, 则

$$(a + b)^2 = (a + b)(a + b) = a^2 + ab + ba + b^2 = a^2 + 2ab + b^2.$$

一般地, 我们有下述结果.

定理1.5. 设R为环, $a, b \in R$且$ab = ba$. 任给正整数n, 我们有二项式展开

$$(a + b)^n = a^n + \sum_{0 < k < n} \binom{n}{k} a^k b^{n-k} + b^n.$$

此结果类似于大家熟知的二项式定理, 可对n归纳来证明.

环R的非空子集S为R的**子环** (subring) (记为$S \leqslant R$), 指S按照R的加乘法在S上的限制形成环, 这等价于S对加减法与乘法封闭.

环R的最小子环是零环$O = \{0\}$, 最大子环为R自身. 这类似于群G的最小子群为$\{e\}$, 最大子群为G.

【例1.5】$\mathbb{Z}[i] = \{a + bi : a, b \in \mathbb{Z}\}$按照复数的加乘法形成整环, 整数环$\mathbb{Z}$是它的子环. 环$\mathbb{Z}[i]$叫**Gauss 复整数环**, 它在数论中四次互反律方面起了重要的作用.

设R为幺环, R中乘法可逆元叫做R的**单位** (unit). 如果u与v为R的单位, 则$(uv)^{-1} = v^{-1}u^{-1}$, 从而uv也是单位. R中所有单位依乘法构成一个群, 叫做幺环R的**单位群** (unit group), 记为$U(R)$.

【例1.6】整数环$\mathbb{Z}$的单位只有± 1, Gauss复整数环$\mathbb{Z}[i]$的单位群$\{\pm 1, \pm i\}$是由i生成的四阶循环群.

【例1.7】设m为正整数. 对于$a \in \mathbb{Z}$, $ax \equiv 1 \pmod{m}$有整数解, 当且仅当$ax + my = 1$有整数解(即a与m互素). 因此

$$U(\mathbb{Z}/m\mathbb{Z}) = \{\bar{a} = a + m\mathbb{Z} : a \in \mathbb{Z}, \ a\text{与}m\text{互素}\},$$

这正是§1.5中提到的$\varphi(m)$阶乘法群U_m.

设R为幺环. 如果$U(R) = R \setminus \{0\}$ (亦即R中非零元在R中都有逆元), 则称R是**体**(skew field). 如果$R \setminus \{0\}$依R中乘法形成Abel群, 则称R为**域** (field).

易见域是整环. 大家熟知的有理数域$\mathbb{Q}$, 实数域$\mathbb{R}$与复数域$\mathbb{C}$都是域的例子. p为素数时, 有穷整环

$$\mathbb{Z}_p = \mathbb{Z}/p\mathbb{Z} = \{\bar{a} = a + p\mathbb{Z} : a \in \mathbb{Z}\}$$

也是域, 因为$\mathbb{Z}_p \setminus \{\bar{0}\}$是满足消去律的有限半群, 从而为乘法群(利用第1章定理2.4(ii)).

在平面直角坐标系中, 我们把从原点O指向以实数对(x, y)为坐标的点P的向量看作复数$z = x + yi$; 线段OP的长度$\sqrt{x^2 + y^2}$叫复数z的模, 记为$|z|$. 对于复数$z_1 = x_1 + y_1 i$与$z_2 = x_2 + y_2 i$, 我们有

$$z_1 z_2 = (x_1 + y_1 i)(x_2 + y_2 i) = x_1 x_2 - y_1 y_2 + (x_1 y_2 + x_2 y_1)i,$$

从而

$$|z_1 z_2|^2 = (x_1 x_2 - y_1 y_2)^2 + (x_1 y_2 + x_2 y_1)^2 = (x_1^2 + y_1^2)(x_2^2 + y_2^2) = |z_1|^2 \cdot |z_2|^2.$$

故复数具有模法则: $|z_1 z_2| = |z_1| \cdot |z_2|$.

爱尔兰数学家W. R. Hamilton (哈密尔顿, 1805–1865) 想找一种所谓的"超复数", 其运算规律完全类似于复数的, 但其几何表现是三维空间中的向量$x + yi + zj$(其中x, y, z为实数). 这种"超复数"$w = x + yi + zj$的模$|w| = \sqrt{x^2 + y^2 + z^2}$. 如果我们希望这种"超复数"满足类似于复数中那样的模法则$|w_1| \cdot |w_2| = |w_1 w_2|$, 那么三个整数平方和构成的集合似应对乘法封闭, 但事实并非如此, 例如$3 = 1^2 + 1^2 + 1^2$与$21 = 1^2 + 2^2 + 4^2$的乘积63就不能表示成三个整数的平方和. Hamilton寻找三维形式的"超复数"未能成功.

1843年, Hamilton转而寻求四维形式的"超复数". **Hamilton四元数** (Hamilton quaternions) 形如

$$z = a + bi + cj + dk \quad (\text{其中}a, b, c, d\text{为实数}),$$

其中a, b, c, d是它的四个分量. 两个四元数相等指它们的四个分量对应相等. 四元数的加法可用下述自然方式定义:

$$(a + bi + cj + dk) + (a' + b'i + c'j + d'k)$$
$$= (a + a') + (b + b')i + (c + c')j + (d + d')k.$$

四元数的乘法涉及$1, i, j, k$之间该如何相乘. 我们规定

$$1 \cdot 1 = 1, \ 1i = i1 = i, \ 1j = j1 = j, \ 1k = k1 = k.$$

1843年10月16日, Hamilton在散步经过一座桥的时候迸发灵感, 意识到虽然可以要求乘法结合律, 但必须放弃乘法交换律并要求

$$i^2 = j^2 = k^2 = ijk = -1.$$

由$ijk = k^2$, 他认识到应规定$ij = k$. 由$ijk = i^2$, 他意识到应规定$jk = i$. 由$kij = k^2 = j^2$, 他觉得应规定$ki = j$. 此外,

$$ji = j(jk) = j^2 k = -k, \ kj = k(ki) = k^2 i = -i, \ ik = i(ij) = -j.$$

在这样的乘法之下,

$$D = \{\pm 1, \ \pm i, \ \pm j, \ \pm k\}$$

形成八阶非交换群. 如果把四元数中的$1, i, j, k$分别视为例3.10中的二阶方阵$\mathbf{1}, \mathbf{I}, \mathbf{J}, \mathbf{K}$, 则四元数$a + bi + cj + dk$相当于二阶复方阵

$$\begin{pmatrix} a + di & b + ci \\ -b + ci & a - di \end{pmatrix}.$$

类似于复数的乘法对加法有分配律, 四元数的乘法对加法服从分配律. 因此

$$\mathbb{H} = \{a + bi + cj + dk : a, b, c, d \in \mathbb{R}\} \tag{1.2}$$

形成一个非交换环.

对于四元数$z = a + bi + cj + dk$, 它的共轭$\bar{z}$与模$|z|$如下给出:

$$\bar{z} = a - bi - cj - dk, \ |z| = \sqrt{a^2 + b^2 + c^2 + d^2}.$$

注意

$$z\bar{z} = (a + bi + cj + dk)(a - bi - cj - dk) = a^2 + b^2 + c^2 + d^2 = |z|^2.$$

如果$z \neq 0$ (即a, b, c, d不全为零), 则

$$z \cdot \frac{\bar{z}}{a^2 + b^2 + c^2 + d^2} = \frac{\bar{z}}{a^2 + b^2 + c^2 + d^2} \cdot z = 1,$$

从而 $z^{-1} = \frac{\bar{z}}{a^2+b^2+c^2+d^2}$ 是 z 的乘法逆元. 因此全体非零四元数依乘法构成群. 由(1.2)给出的 $\mathbb{H}$ 形成体, 叫做Hamilton四元数体.

依四元数的乘法,

$$(x_0 + x_1 i + x_2 j + x_3 k)(y_0 + y_1 i + y_2 j + y_3 k)$$
$$= (x_0 y_0 - x_1 y_1 - x_2 y_2 - x_3 y_3) + (x_0 y_1 + x_1 y_0 + x_2 y_3 - x_3 y_2)i$$
$$+ (x_0 y_2 + x_2 y_0 + x_3 y_1 - x_1 y_3)j + (x_0 y_3 + x_3 y_0 + x_1 y_2 - x_2 y_1)k.$$

对四元数来说模法则依然有效,因为有著名的Euler四平方和恒等式:

$$(x_0^2 + x_1^2 + x_2^2 + x_3^2)(y_0^2 + y_1^2 + y_2^2 + y_3^2)$$
$$= (x_0 y_0 - x_1 y_1 - x_2 y_2 - x_3 y_3)^2 + (x_0 y_1 + x_1 y_0 + x_2 y_3 - x_3 y_2)^2$$
$$+ (x_0 y_2 + x_2 y_0 + x_3 y_1 - x_1 y_3)^2 + (x_0 y_3 + x_3 y_0 + x_1 y_2 - x_2 y_1)^2.$$

此恒等式在J. L. Lagrange证明每个自然数可表示成四个整数平方和的过程中起了关键作用.

【历史注记】四元数的意义以及对Hamilton的纪念

Hamilton定义的四元数体表明存在不服从乘法交换律的数系,打破了对数系的传统认识, 推动了近世代数的发展. 四元数的发现也促进了向量分析的诞生与蓬勃发展. Hamilton的学生J. C. Maxwell (麦克斯韦, 1831–1879) 在掌握四元数后利用向量分析建立了著名的Maxwell方程组, 完善了电磁学的理论. A. Einstein (爱因斯坦, 1879–1955) 相对论中由于出现四维时空(三个空间轴加一个时间轴)也涉及向量分析. 1943年, 爱尔兰政府为纪念四元数发现一百年, 发行了印有Hamilton头像的纪念邮票, 还在触发Hamilton灵感的那座桥上立了个石碑, 上面刻着四元数基本公式

$$i^2 = j^2 = k^2 = ijk = -1.$$

ij=k , jk=i , ki=j;

ji=-k , kj=-i , ik=-j.

中国数学家华罗庚(1910–1985)在体的研究方面有卓越的成果.

定理1.6 (Cartan-Brauer-Hua定理). 设D是体K的真子体. 如果D在K中正规, 即$\forall x \in K\,(xK = Kx)$, 则$D$被$K$的中心

$$C = \{x \in K : \forall y \in K\,(xy = yx)\}$$

所包含.

华罗庚对此定理的简洁证明利用了下面这个基本事实: a与$a-1$为幺环R的可逆元时, $a^{-1}ba - (a-1)^{-1}b(a-1)$也可逆, 而且

$$a = (b - (a-1)^{-1}b(a-1)(a^{-1}ba - (a-1)^{-1}b(a-1))^{-1}.$$

P. Bateman对此评论说: "这个结果既没有一口井那么深, 也没有一扇门那么宽, 但却是致命的."

§4.2 环的理想与同态基本定理

设R为环, $\emptyset \neq I \subseteq R$. 如果$I$按加法形成$R$的子群(即$I$对加减法封闭), 而且对任何$r \in R$与$a \in I$总有$ra, ar \in I$, 则称$I$为环$R$的**理想** (ideal), 记为$I \trianglelefteq R$.

注意环R的理想对乘法也是封闭的, 因而是R的子环.

环R的最小子环$O = \{0\}$与最大子环R都是R的理想.

环的理想虽然不叫正规子环, 但其作用类似于群中的正规子群.

"理想"这一术语源于德国数学家E. E. Kummer (库默尔, 1810–1893) 为实现证明Fermat大定理(对整数$n > 2$, 方程$x^n + y^n = z^n$无正整数解) 的理想在1843年引入的**理想数**.

$I_1, \cdots, I_n$都是环R的理想时, 易见

$$I_1 + \cdots + I_n = \{a_1 + \cdots + a_n : a_1 \in I_1, \cdots, a_n \in I_n\}$$

也是环R的理想, 它叫理想$I_1, \cdots, I_n$的**和**. 这类似于$H_1, H_2, \cdots, H_n$都是群G的正规子群时

$$H_1 H_2 \cdots H_n = \{h_1 h_2 \cdots h_n : h_1 \in H_1, \cdots, h_n \in H_n\}$$

亦是G的正规子群.

类似于群G的若干个正规子群的交是正规子群, 易见环R的若干个理想的交仍是R的理想.

对于环 R 的非空子集 X, 由 X 生成的理想 $\langle X \rangle$ 指所有包含 X 的 R 的理想的交, 这是 R 的包含 X 的理想中最小者.

易见幺环 R 的非空子集 X 生成的理想 $\langle X \rangle$ 实际上就是

$$\left\{ 有限和 \sum_{i=1}^{n} r_i x_i s_i : x_i \in X 且 r_i, s_i \in R \right\}.$$

对于交换幺环 R 的非空子集 X,

$$\langle X \rangle = \left\{ 有限和 \sum_{i=1}^{n} r_i x_i : r_i \in R 且 x_i \in X \right\}.$$

对于环 R 的 n 元子集 $X = \{a_1, \cdots, a_n\}$, $\langle X \rangle$ 也记为 $(a_1, \cdots, a_n)$, 叫做由 $a_1, \cdots, a_n$ 生成的理想.

对于交换幺环 R 的 n 个元 $a_1, \cdots, a_n$, 易见

$$(a_1, \cdots, a_n) = \left\{ \sum_{i=1}^{n} r_i a_i : r_1, \cdots, r_n \in R \right\} = (a_1) + \cdots + (a_n).$$

诸 $\sum_{i=1}^{n} r_i a_i \ (r_i \in R)$ 叫 $a_1, \cdots, a_n$ 的(系数在 R 中)**线性组合** (linear combination).

设 I 为环 R 的理想. 对于 $a, b \in R$, 如果 $a - b \in I$ 我们就说 a 与 b **模 I 同余**, 记为 $a \equiv b \pmod{I}$. 模 I 同余关系是 R 上等价关系, 因为它具有

(1) 自反性: $a \equiv a \pmod{I}$;

(2) 对称性: $a \equiv b \pmod{I} \Rightarrow b \equiv a \pmod{I}$;

(3) 传递性: $a \equiv b \equiv c \pmod{I} \Rightarrow a \equiv c \pmod{I}$ (利用 $a - c = (a-b) + (b-c)$).

设 I 是环 R 的理想, 模 I 同余式可左右两边分别相加、相减或相乘. 事实上, 如果 $a \equiv b \pmod{I}$ 且 $c \equiv d \pmod{I}$, 则

$$a \pm c - (b \pm d) = (a - b) \pm (c - d) \in I,$$
$$ac - bd = (a - b)c + b(c - d) \in I,$$

从而 $a \pm c \equiv b \pm d \pmod{I}$ 且 $ac \equiv bd \pmod{I}$.

设 I 为环 R 的理想, $a \in R$ 所在的模 I 的剩余类为

$$\bar{a} = \{b \in R : b \equiv a \pmod{I}\} = \{a + i : i \in I\} = a + I.$$

我们在 $R/I = \{\bar{a} : a \in R\}$ 上定义加法与乘法如下:

$$\bar{a} + \bar{b} = \overline{a + b}, \quad \bar{a}\bar{b} = \overline{ab}.$$

这个定义是合理的, 因为 $\bar{a} = \bar{c}$ 且 $\bar{b} = \bar{d}$ 时 $a \equiv c \pmod{I}$ 且 $b \equiv d \pmod{I}$, 从而

$$a + b \equiv c + d \pmod{I} \ \text{且} \ ab \equiv cd \pmod{I},$$

即 $\overline{a+b} = \overline{c+d}$ 且 $\overline{ab} = \overline{cd}$.

定理2.1. 设 I 为环 R 的理想, 则

$$R/I = \{\bar{a} = a + I : a \in R\}$$

依模 I 剩余类的加法与乘法形成环.

证明: 对于 $a, b, c \in R$, 显然

$$\bar{a} + \bar{b} = \overline{a+b} = \overline{b+a} = \bar{b} + \bar{a},$$
$$\bar{a} + \bar{0} = \overline{a+0} = \bar{a}, \ \bar{a} + \overline{-a} = \overline{a+(-a)} = \bar{0},$$

而且

$$(\bar{a} + \bar{b}) + \bar{c} = \overline{a+b} + \bar{c} = \overline{(a+b)+c}$$
$$= \overline{a+(b+c)} = \bar{a} + \overline{b+c} = \bar{a} + (\bar{b} + \bar{c}),$$

类似地, R/I 还满足乘法结合律与乘对加的分配律.

I 为环 R 理想时, 环 $R/I = \{\bar{a} = a + I : a \in I\}$ 叫做 R 依理想 I 作成的**商环** (quotient ring) 或模 I 的**剩余类环**. 这类似于 H 为群 G 正规子群时可作商群 $G/H = \{\bar{a} = aH : a \in G\}$.

【例2.1】设 m 为正整数, 则 $m\mathbb{Z}$ 为整数环 $\mathbb{Z}$ 的理想. $\mathbb{Z}$ 依此理想作成的商环正是本章例1.2中的模 m 剩余类环

$$\mathbb{Z}/m\mathbb{Z} = \{\bar{a} = a + m\mathbb{Z} : a \in \mathbb{Z}\}.$$

注意 $a \equiv b \pmod{m}$ 相当于 $a \equiv b \pmod{m\mathbb{Z}}$.

设 σ 是环 R 到环 $\bar{R}$ 的映射. 如果对任何 $a, b \in R$ 都有

$$\sigma(a + b) = \sigma(a) + \sigma(b) \ \text{且} \ \sigma(ab) = \sigma(a)\sigma(b),$$

则称 σ 是环 R 到环 $\bar{R}$ 的一个**同态** (homomorphism). σ 既是单射又是同态时称 σ 为**单同态**. σ 既是满射又是同态时称 σ 为**满同态**. σ 既是双射又是同态时称 σ 为**同构** (isomorphism).

对于环 R 与 $\bar{R}$, 如果存在 R 到 $\bar{R}$ 的同构, 则说环 R 与 $\bar{R}$ 同构, 记为 $R \cong \bar{R}$. 相互同构的环结构完全相同, 本质上可视为同一个环.

对于从环 R 到环 $\bar{R}$ 的同态 σ, 其同态核指

$$\mathrm{Ker}(\sigma) = \{a \in R : \sigma(a) = \bar{0}\}$$

(其中 $\bar{0}$ 表示 $\bar{R}$ 的零元), 其同态像指 $\mathrm{Im}(\sigma) = \{\sigma(a) : a \in G\}$.

定理2.2 (环的同态基本定理). 设 σ 是环 R 到环 $\bar{R}$ 的同态, 则

$$\mathrm{Ker}(\sigma) \trianglelefteq R, \quad \mathrm{Im}(\sigma) \leqslant \bar{R}, \quad \text{而且} \quad R/\mathrm{Ker}\sigma \cong \mathrm{Im}(\sigma).$$

证明: 先证 $\mathrm{Ker}(\sigma) \trianglelefteq R$. 由于 $\sigma(0) = \bar{0}$ (其中 $\bar{0}$ 为环 $\bar{R}$ 的零元), 我们有 $0 \in \mathrm{Ker}(\sigma)$. 如果 $a, b \in \mathrm{Ker}(\sigma)$, 则

$$\sigma(a \pm b) = \sigma(a) \pm \sigma(b) = \bar{0} \pm \bar{0} = \bar{0}.$$

如果 $a \in \mathrm{Ker}(\sigma)$ 且 $r \in R$, 则

$$\sigma(ra) = \sigma(r)\sigma(a) = \sigma(r)\bar{0} = \bar{0},$$
$$\sigma(ar) = \sigma(a)\sigma(r) = \bar{0}\sigma(r) = \bar{0}.$$

因此 $\mathrm{Ker}(\sigma) \trianglelefteq R$.

再证 $\mathrm{Im}(\sigma) \leqslant \bar{R}$. 显然 $\bar{0} = \sigma(0) \in \mathrm{Im}(\sigma)$. 如果 $a, b \in R$, 则

$$\sigma(a) \pm \sigma(b) = \sigma(a \pm b) \in \mathrm{Im}(\sigma),$$
$$\sigma(a)\sigma(b) = \sigma(ab) \in \mathrm{Im}(\sigma).$$

因此 $\mathrm{Im}(\sigma) \leqslant \bar{R}$.

最后说明 $R/I \cong \mathrm{Im}(\sigma)$, 这里 $I = \mathrm{Ker}(\sigma)$.

对 $a \in R$ 让 $\bar{a} = a + I$. 对于 $a, b \in R$,

$$\sigma(a) = \sigma(b) \iff \sigma(a - b) = \bar{0} \iff a - b \in I \iff \bar{a} = \bar{b}.$$

因此 $\bar{\sigma} : \bar{a} \mapsto \sigma(a)$ 是 R/I 到 $\mathrm{Im}(\sigma)$ 的双射. 当 $a, b \in R$ 时,

$$\bar{\sigma}(\bar{a}\bar{b}) = \bar{\sigma}(\overline{ab}) = \sigma(ab) = \sigma(a)\sigma(b) = \bar{\sigma}(\bar{a})\bar{\sigma}(\bar{b}).$$

故 $\bar{\sigma}$ 是环 R/I 到 $\mathrm{Im}(\sigma)$ 的同构.

定理2.2证毕.

类似于第3章定理1.1, 我们也可证明下述结果.

定理2.3 (同构定理). 设σ为环R到环$\bar{R}$的同态, 则

$$\{S \leqslant R : S \supseteq \text{Ker}\sigma\} \text{ 与 } \{\sigma(R) = \text{Im}(\sigma)\text{的子环}\}$$

之间有一一对应$S \mapsto \sigma(S) = \{\sigma(s) : s \in S\}$. 如果$\text{Ker}\sigma \leqslant I \leqslant R$, 则

$$I \trianglelefteq R \iff \sigma(I) \trianglelefteq \sigma(R) = \text{Im}(\sigma).$$

当$\text{Ker}\sigma \leqslant I \trianglelefteq R$时, 还有$R/I \cong \sigma(R)/\sigma(I)$.

推论2.1. 设I为环R的理想.

(i) 商环R/I的理想必形如J/I, 这里$I \leqslant J \trianglelefteq R$;

(ii) 如果$I \leqslant J \trianglelefteq R$, 则$J/I \trianglelefteq R/I$, 而且$(R/I)/(J/I) \cong R/J$.

证明: 对$a \in R$让$\sigma(a) = a + I$, 则σ是环R到R/I的满同态, 而且

$$\text{Ker}(\sigma) = \{a \in R : a + I = 0 + I\} = I.$$

依定理2.3, $\sigma(R) = R/I$的理想形如$\sigma(J) = J/I$, 这里$I \leqslant J \trianglelefteq R$. 当$I \leqslant J \trianglelefteq R$时, 由定理2.3知, $\sigma(J) = J/I$是$\sigma(R) = R/I$的理想, 而且$\sigma(R)/\sigma(J) \cong R/J$.

定理2.4. 设R为环, $I \trianglelefteq R$且$S \leqslant R$. 则$I \cap S \trianglelefteq S$,

$$I + S = \{i + s : i \in I \text{且} s \in S\} \leqslant R,$$

而且

$$S/(I \cap S) \cong (I + S)/I.$$

这个结果类似于群的第二同构定理(参看第3章定理1.4), 证明留给读者去思考.

§4.3 环的直和与中国剩余定理

设$R_1, \cdots, R_n$为环, 我们在

$$R = R_1 \times \cdots \times R_n = \{x = \langle x_1, \cdots, x_n \rangle : x_1 \in R_1, \cdots, x_n \in R_n\}$$

上定义加法与乘法如下:

$$x + y = \langle x_1 + y_1, \cdots, x_n + y_n \rangle, \ xy = \langle x_1 y_1, \cdots, x_n y_n \rangle.$$

易见 R 按此加乘法形成环, 它叫做环 $R_1, \cdots, R_n$ 的**外直和** (outer direct sum), 记为 $R_1 \oplus \cdots \oplus R_n$. 注意其单位群正是单位群 $U(R_1), \cdots, U(R_n)$ 的直积.

设 R 是环 $R_1, \cdots, R_n$ 的外直和, 易见 $1 \leqslant i \leqslant n$ 时

$$R_i \cong R_i^* = \{x \in R : j \neq i \text{时} x_j \text{为} R_j \text{的零元}\} \trianglelefteq R.$$

R 的加法群是诸 R_i 加法群 ($i = 1, \cdots, n$) 的外直积, R 中元可唯一地表示成 $x_1 + \cdots + x_n$ 的形式 (其中 $x_1 \in R_1^*, \cdots, x_n \in R_n^*$), 等价地, $R_1^* + \cdots + R_n^* = R$ 而且对 $i = 1, \cdots, n$ 有

$$R_i^* \cap (R_1^* + \cdots + R_{i-1}^* + R_{i+1}^* + \cdots + R_n^*) = \{0\}.$$

(请读者参照第 3 章关于群的直积的定理 5.2~5.3.)

设 $R_1, \cdots, R_n$ 为环 R 的理想. 如果 R 中元都可唯一地表示成 $r_1 + \cdots + r_n$ 的形式 (其中 $r_i \in R_i$), 亦即 $R_1 + \cdots + R_n = R$, 而且

$$R_i \cap (R_1 + \cdots + R_{i-1} + R_{i+1} + \cdots + R_n) = \{0\} \ (i = 1, \cdots, n)$$

(依 §3.5 中定理 5.3, 这相当于 R 中元至多可用一种方式表示成 $r_1 + \cdots + r_n$ 的形式 (其中 $r_i \in R_i$)), 则称 R 是其理想 $R_1, \cdots, R_n$ 的**内直和** (inner direct sum).

下面这个结果类似于关于群的直积的定理 5.4, 据此以后我们可不区分环的内直和与外直和, 统称它们为直和.

定理 3.1. 设环 R 是其理想 $R_1, \cdots, R_n$ 的内直和, 则

$$R \cong R_1 \oplus \cdots \oplus R_n.$$

证明: 对 $r = \langle r_1, \cdots, r_n \rangle \in R_1 \oplus + \cdots + \oplus R_n$, 我们定义

$$\sigma(r) = r_1 + \cdots + r_n.$$

由于 R 是 $R_1, \cdots, R_n$ 的内直和, R 中元可唯一地表示成 $r_1 + \cdots + r_n$ 的形式 (其中 $r_1 \in R_1, \cdots, r_n \in R_n$), 因此 σ 是 $R_1 \oplus \cdots \oplus R_n$ 到 R 的双射. 只需再证 σ 是环的同态.

任给 $R_1 \oplus \cdots \oplus R_n$ 中 $r = \langle r_1, \cdots, r_n \rangle$ 与 $s = \langle s_1, \cdots, s_n \rangle$,

$$\sigma(r + s) = (r_1 + s_1) + \cdots + (r_n + s_n) = \sigma(r) + \sigma(s),$$

而且 $\sigma(rs) = r_1 s_1 + \cdots + r_n s_n$ 等于

$$\sigma(r)\sigma(s) = \sum_{i=1}^{n} r_i \sum_{j=1}^{n} s_j,$$

因为$i,j \in \{1,\cdots,n\}$且$i \neq j$时

$$r_i s_j \in R_i \cap R_j \subseteq R_i \cap \sum_{k \neq i} R_k = \{0\}.$$

对于环R的理想I与J,我们定义其**乘积**

$$IJ = \langle\{ab : a \in I, b \in J\}\rangle = \left\{ \text{有限和} \sum_{i=1}^{n} a_i b_i : a_i \in I \text{且} b_i \in J \right\}.$$

注意$a \in I$, $b \in J$且$r \in R$时

$$r(ab) = (ra)b \text{且} ra \in I, \quad (ab)r = a(br) \text{且} br \in J.$$

显然IJ既是I的子集也是J的子集.

设I与J为环R的理想,I与J**互素**(coprime或relatively prime)指$I + J = R$.

如果环R有单位元1, 则$R = (1)$, 从而R的理想I与J互素当且仅当$1 \in I + J$.

【例3.1】设m与n为整数. 整数环$\mathbb{Z}$的理想$m\mathbb{Z}$与$n\mathbb{Z}$互素, 当且仅当

$$1 \in m\mathbb{Z} + n\mathbb{Z} = \{mx + ny : x, y \in \mathbb{Z}\},$$

这等价于说整数m与n互素. 如果m与n互素, 则同余式$mx \equiv 1 \pmod{n}$有整数解.

引理3.1. 设R为幺环,I与J是R的互素理想,则

$$IJ + JI = I \cap J.$$

特别地, R为交换幺环时, $IJ = I \cap J$.

证明: 显然$IJ = \langle\{ab : a \in I, b \in J\}\rangle \subseteq I \cap J$且$JI \subseteq J \cap I = I \cap J$. 因为理想$I \cap J$对加法封闭,$IJ + JI$是$I \cap J$的子集.

由于I与J互素,有$i \in I$与$j \in J$使得$i + j = 1$. 任给$k \in I \cap J$,我们有

$$k = 1k = (i+j)k = ik + jk \in IJ + JI.$$

故$I \cap J$又是$IJ + JI$的子集. 因此$IJ + JI = I \cap J$. R为交换幺环时, $IJ = JI$, 从而$IJ + JI = IJ$(利用理想IJ对加法封闭).

引理3.2. 设I, J, K为幺环R的理想. 假如I与J, K都互素, 则I与JK互素.

证明：只需证$1 \in I + JK$. 由于I与J互素, 有$i \in I$与$j \in J$使得$i + j = 1$. 由于I与K互素, 又有$i' \in I$与$k \in K$使得$i' + k = 1$. 于是

$$1 = 1 \cdot 1 = (i + j)(i' + k) = (ii' + ik + ji') + jk \in I + JK.$$

定理3.2. 设R为交换幺环, $A_1, \cdots, A_n \ (n > 1)$是$R$的两两互素的理想. 那么$A_1 \cdots A_{n-1}$与$A_n$互素, 而且

$$A_1 \cdots A_n = A_1 \cap \cdots \cap A_n. \tag{3.1}$$

证明：$n = 2$时应用引理3.1即可.

下面假设$n > 2$. 由引理3.1与引理3.2, $A_1 \cap A_2 = A_1 A_2$与A_3互素, 从而

$$A_1 \cap A_2 \cap A_3 = A_1 A_2 \cap A_3 = (A_1 A_2) A_3.$$

$n > 3$时这又与A_4互素, 仿上法继续下去最后我们得到$A_1 \cdots A_{n-1}$与A_n互素而且(3.1)成立.

推论3.1. 设$m_1, \cdots, m_n \ (n > 1)$是两两互素的正整数, 则$m_1 \cdots m_{n-1}$与$m_n$互素, 而且$m_1, \cdots, m_n$的最小公倍数$[m_1, \cdots, m_n]$就是$m_1 \cdots m_n$.

证明：诸$A_i = m_i \mathbb{Z} \ (i = 1, \cdots, n)$是环$\mathbb{Z}$的两两互素的理想. 依定理3.2, $A_1 \cdots A_{n-1} = m_1 \cdots m_{n-1} \mathbb{Z}$与$A_n = m_n \mathbb{Z}$互素(等价地, $m_1 \cdots m_{n-1}$与m_n互素), 而且$[m_1, \cdots, m_n] = m_1 \cdots m_n$, 因为$A_1 \cdots A_n = m_1 \cdots m_n \mathbb{Z}$就是

$$\bigcap_{i=1}^{n} A_i = \{m \in \mathbb{Z} : m_1 \mid m, \cdots, m_n \mid m\} = [m_1, \cdots, m_n] \mathbb{Z}.$$

同余方程组起源于中国南北朝时期(公元五世纪左右)的著作《孙子算经》中一道名题："今有物不知其数, 三三数之剩二, 五五数之剩三, 七七数之剩二, 问物几何?" 此题相当于要求解同余方程组

$$\begin{cases} x \equiv 2 \pmod{3} \\ x \equiv 3 \pmod{5} \\ x \equiv 2 \pmod{7}. \end{cases}$$

在西方, 同余的概念直到17世纪才在Fermat小定理(参看§1.5)中出现, 现在流行的同余式记号是Gauss在19世纪引入的.

定理3.3 (中国剩余定理, Chinese Remainder Theorem). 设正整数$m_1, \cdots, m_n$两两互素. 任给$a_1, \cdots, a_n \in \mathbb{Z}$, 同余方程组

$$\begin{cases} x \equiv a_1 \pmod{m_1} \\ \cdots\cdots \\ x \equiv a_n \pmod{m_n} \end{cases}$$

的整数通解为

$$x \equiv \sum_{i=1}^{n} a_i M_i M_i^* \pmod{M},$$

这里$M = \prod_{i=1}^{n} m_i$, $M_i = \frac{M}{m_i}$, $M_i^* \in \mathbb{Z}$且$M_i M_i^* \equiv 1 \pmod{m_i}$.

【历史注记】中国剩余定理与《数书九章》

中国剩余定理现在这个一般形式及其证明(参见[7, 51-52页])首次出现于南宋数学家秦九韶(1202–1261)的名著《数书九章》(1247年出版), 在西方这结果直到十九世纪才由Gauss等人发现.

秦九韶　　　　　　　　　　《数书九章》

《数书九章》中还首次用0来表示数字零, 并包含一元高次方程的数值解法. 秦九韶的《数书九章》是世界数学史上著名书籍, 代表着中国古代数学的最高成就.

关于整数环的中国剩余定理可推广到一般的幺环上.

定理3.4 (环论形式的中国剩余定理). 设$A_1, \cdots, A_n$是幺环R的两两互素的理想.

(i) 任给$a_1, \cdots, a_n \in R$, 集合

$$\{x \in R : \text{对所有}i = 1, \cdots, n\text{都有}x \equiv a_i \pmod{A_i}\}$$

非空, 而且是个模 $\bigcap\limits_{i=1}^{n} A_i$ 的剩余类.

(ii) 我们有

$$R/(A_1 \cap \cdots \cap A_n) \cong R/A_1 \oplus \cdots \oplus R/A_n.$$

证明: $n = 1$ 时, 结论是显然的. 下面假设 $n > 1$.

(i) 对 $i = 1, \cdots, n$, 令 $B_i = A_1 \cdots A_{i-1} A_{i+1} \cdots A_n$. 由定理3.2知 B_i 与 A_i 互素, 从而有 $x_i \in B_i$ 使得 $1 - x_i \in A_i$. 当 $1 \leqslant j \leqslant n$ 且 $j \neq i$ 时, $x_i \in B_i \subseteq A_j$. 因此对 $i, j = 1, \cdots, n$ 总有 $x_i - \delta_{ij} \in A_j$.

令 $x_0 = a_1 x_1 + \cdots + a_n x_n$. 对 $1 \leqslant j \leqslant n$, 我们有

$$x_0 - a_j = \sum_{i=1}^{n} a_i(x_i - \delta_{ij}) \in A_j.$$

任给 $x \in R$, 显然 $x \equiv a_j \pmod{A_j}$ $(j = 1, \cdots, n)$ 当且仅当 $x \equiv x_0 \pmod{A_j}$ $(j = 1, \cdots, n)$, 也当且仅当 $x - x_0 \in \bigcap\limits_{i=1}^{n} A_i$.

(ii) 对 $x \in R$ 定义

$$\sigma\left(x + \bigcap_{i=1}^{n} A_i\right) = \langle x + A_1, \cdots, x + A_n \rangle,$$

这是 $R/\bigcap\limits_{i=1}^{n} A_i$ 到 $R/A_1 \oplus \cdots \oplus R/A_n$ 的映射. 任给 R 中元 $a_1, \cdots, a_n$, 由(i)知有唯一的模 $\bigcap\limits_{i=1}^{n} A_i$ 剩余类 $x + \bigcap\limits_{i=1}^{n} A_i$ 使得对每个 $j = 1, \cdots, n$ 都有 $x \equiv a_j \pmod{A_j}$, 即 $x + A_j = a_j + A_j$. 因此 σ 是 $R/\bigcap\limits_{i=1}^{n} A_i$ 到 $R/A_1 \oplus \cdots \oplus R/A_n$ 的双射.

对于 $R/\bigcap\limits_{i=1}^{n} A_i$ 中元 $\bar{x} = x + \bigcap\limits_{i=1}^{n} A_i$ 与 $\bar{y} = y + \bigcap\limits_{i=1}^{n} A_i$, 由于

$$(x + A_i) + (y + A_i) = (x + y) + A_i \text{ 且 } (x + A_i)(y + A_i) = xy + A_i,$$

我们有

$$\sigma(\bar{x} + \bar{y}) = \sigma(\overline{x + y}) = \sigma(\bar{x}) + \sigma(\bar{y}),$$
$$\sigma(\bar{x}\bar{y}) = \sigma(\overline{xy}) = \sigma(\bar{x})\sigma(\bar{y}).$$

因此 σ 是环的同态.

依上述推理, σ 是商环 $R/\bigcap\limits_{i=1}^{n} A_i$ 到 $R/A_1 \oplus \cdots \oplus R/A_n$ 的同构.

【例3.2】设大于1的整数m有素数分解式$p_1^{\alpha_1}\cdots p_n^{\alpha_n}$, 这里$p_1,\cdots,p_n$为不同素数, 而且$\alpha_1,\cdots,\alpha_n$为正整数. 诸$A_i = p_i^{\alpha_i}\mathbb{Z}$ $(i = 1,\cdots,n)$是整数环$\mathbb{Z}$的两两互素的理想, 依定理3.2知$A_1\cap\cdots\cap A_n = A_1\cdots A_n = m\mathbb{Z}$. 根据定理3.4,

$$\mathbb{Z}/m\mathbb{Z} \cong \mathbb{Z}/p_1^{\alpha_1}\mathbb{Z} \oplus \cdots \oplus \mathbb{Z}/p_n^{\alpha_n}\mathbb{Z},$$

从而也有

$$U(\mathbb{Z}/m\mathbb{Z}) \cong U(\mathbb{Z}/p_1^{\alpha_1}\mathbb{Z}) \times \cdots \times U(\mathbb{Z}/p_n^{\alpha_n}\mathbb{Z}).$$

例3.2表明我们可把模正整数的剩余类环的研究归约到模素数幂次的剩余类环的研究.

§4.4 极大理想与素理想

回忆一下, 在数论中整数$p > 1$为**素数** (prime) 指它的正因子只有1与p.

素数有个重要的特征性质: p为素数时对任何$a, b \in \mathbb{Z}$由$p \mid ab$可得$p \mid a$或$p \mid b$. 合数没有这样的性质, 例如: 6整除$2 \cdot 3$, 但$6 \nmid 2$且$6 \nmid 3$. 因此, 对于整数$m > 1$, 交换幺环$\mathbb{Z}/m\mathbb{Z}$无零因子当且仅当m为素数.

设R为交换幺环, $I \neq R$为R的理想. 如果没有R的理想J使得$I \subset J \subset R$, 则称I为R的**极大理想** (maximal ideal). 如果对任何$a, b \in R$都有

$$ab \in I \Rightarrow a \in I \text{ 或 } b \in I, \quad \text{亦即} \quad a, b \notin I \Rightarrow ab \notin I,$$

则称I为R的**素理想** (prime ideal).

极大理想的概念是根据素数的定义进行推广的, 素理想的概念是根据素数的特征性质进行推广的.

【例4.1】整数加群$\mathbb{Z}$是循环群, 其子群也是循环群, 形如$n\mathbb{Z}$, 这里$n \in \mathbb{N} = \{0, 1, 2, \cdots\}$. 因此整数环$\mathbb{Z}$的理想形如$(n) = n\mathbb{Z}$ $(n \in \mathbb{N})$. 零理想$O = (0)$显然是素理想, 但它不是极大理想(因为$(0) \subset (2) \subset (1) = \mathbb{Z}$).

对于整数$n > 1$, $(n) = n\mathbb{Z}$为$\mathbb{Z}$的极大理想, 当且仅当没有$d \in \mathbb{N}$使得$(n) \subset (d) \subset (1) = \mathbb{Z}$ (亦即没有$1 < d < n$使得$d \mid n$), 这相当于要求n为素数.

对于整数$p > 1$, $(p) = p\mathbb{Z}$为$\mathbb{Z}$的素理想, 当且仅当对任何$a, b \in \mathbb{Z}$由$ab \in (p)$ (即$p \mid ab$)可得$a \in (p)$或$b \in (p)$ (即p整除a或b), 这等价于要求p为素数.

定理4.1. 设R为交换幺环, 则R的极大理想必是R的素理想.

证明： 假如 R 有个极大理想 M 不是素理想，则有 R 中元 $a, b \notin M$ 使得 $ab \in M$. 注意 $M + (a)$ 与 $M + (b)$ 都真包含 M. 因 M 为极大理想，必有 $M + (a) = R$ 且 $M + (b) = R$. 于是有 $m, m' \in M$ 与 $x, y \in R$ 使得 $m + ax = 1$ 且 $m' + by = 1$，从而

$$1 = (m + ax)(m' + by) = mm' + mby + axm' + (ab)xy \in M.$$

这与 $M \neq R = (1)$ 矛盾.

定理4.2. 设 R 为交换幺环，$P \neq R$ 为 R 的理想，则

$$P \text{ 为 } R \text{ 的素理想} \iff R/P \text{ 为整环}.$$

证明： 商环 $R/P = \{\bar{a} = a + P : a \in R\}$ 显然是交换幺环. 对于 $a, b \in R$,

$$\bar{a}\bar{b} = \bar{0} \Rightarrow \bar{a} = \bar{0} \text{ 或 } \bar{b} = \bar{0}$$

等价于

$$ab \in P \Rightarrow a \in P \text{ 或 } b \in P.$$

因此 P 为 R 的素理想等价于 R/P 无零因子(即为整环).

定理4.3. 设 R 为交换幺环，$M \neq R$ 为 R 的理想，则

$$M \text{ 为 } R \text{ 的极大理想} \iff R/M \text{ 为域}.$$

证明： $R/M = \{\bar{a} = a + M : a \in R\}$ 显然是交换幺环.

$\Rightarrow$: 假如 $\bar{a} \neq \bar{0}$，则 $a \notin M$. 而 $M + (a)$ 是真包含 M 的理想，故 $M + (a) = R$. 于是有 $x \in R$ 使得 $ax \equiv 1 \pmod{M}$，这表明 $\bar{a}$ 有逆元 $\bar{x}$. 因此 R/M 为域.

$\Leftarrow$: 假设 R/M 为域. 如果 M' 是真包含 M 的 R 的理想，取 $a \in M' \setminus M$ 则 $\bar{a} \neq \bar{0}$ 有逆元 $\bar{b}$，于是 $ab \equiv 1 \pmod{M}$，从而 $1 \in M'$，即 $M' = R$. 因此 M 为 R 的极大理想.

有非零元的交换幺环是否一定有极大理想？要回答这个问题，我们需要下述著名引理.

引理4.1 (Zorn引理). *设 $\mathcal{A}$ 是由一组集合构成的非空集. 如果诸 $A_i (i \in I)$ 都属于 $\mathcal{A}$, 而且对任何 $i, j \in I$ 有 $A_i \subseteq A_j$ 或 $A_j \subseteq A_i$, 我们就说 $\{A_i : i \in I\}$ 为 $\mathcal{A}$ 的一条链. 假如对 $\mathcal{A}$ 的任一条非空链 $\{A_i : i \in I\}$ 都有 $\bigcup\limits_{i \in I} A_i \in \mathcal{A}$, 那么 $\mathcal{A}$ 必有极大元 A (即 A 不被任何 $B \in \mathcal{A}$ 真包含).*

此引理与ZFC集合论中的选择公理等价，读者可参看[3].

定理4.4. 设R为交换幺环, $a \in R$, $I \trianglelefteq R$, 并且$I \cap \{a^n : n \in \mathbb{N}\} = \emptyset$. 则

$$\mathcal{A} = \{J \trianglelefteq R : J \supseteq I \text{且} J \cap \{a^n : n \in \mathbb{N}\} = \emptyset\}$$

必有极大元.

证明: 显然$I \in \mathcal{A}$. 任给$\mathcal{A}$的一条非空链$\{I_\lambda : \lambda \in \Lambda\}$, 作$I^* = \bigcup_{\lambda \in \Lambda} I_\lambda$. 如果$b, c \in I^*$, 则有$\lambda, \mu \in \Lambda$使得$b \in I_\lambda$且$c \in I_\mu$. 由于$I_\lambda \subseteq I_\mu$或$I_\mu \subseteq I_\lambda$, 我们看到$I_\lambda \cup I_\mu$为$R$的理想, 从而$b \pm c \in I_\lambda \cup I_\mu \subseteq I^*$. 若$r \in R$且$b \in I_\lambda$, 则$rb, br \in I_\lambda \subseteq I^*$. 因此$I^* \trianglelefteq R$. 由于诸$I_\lambda$ $(\lambda \in \Lambda)$都包含I且不含a的幂次, I^*也包含I且不含a的幂次, 故有$I^* \in \mathcal{A}$.

运用Zorn引理, 我们即知$\mathcal{A}$有极大元.

推论4.1. 设R为交换幺环, $I \neq R$为R的理想, 则R有极大理想M包含I.

证明: 由于$1 \notin I$, 在定理4.4中取$a = 1$知

$$\mathcal{A} = \{J \trianglelefteq R : J \supseteq I \text{且} 1 \notin J\}$$

有极大元.这个极大元就是包含I的极大理想.

如果交换幺环R中有非零元, 则零理想$O = (0)$不等于R, 从而由推论4.1知R有极大理想.

定理4.5. 设R为交换幺环, $a \in R$, $I \trianglelefteq R$, 并且$I \cap \{a^n : n \in \mathbb{N}\} = \emptyset$. 则有$R$的素理想$P \supseteq I$使得$I \cap \{a^n : n \in \mathbb{N}\} = \emptyset$.

证明: 依定理4.4,

$$\mathcal{A} = \{J \trianglelefteq R : J \supseteq I \text{且} J \cap \{a^n : n \in \mathbb{N}\} = \emptyset\}$$

有极大元P. 显然$P \supseteq I$. 我们来说明P就是素理想.

假如P不是素理想, 则有R中元$b, c \notin P$使得$bc \in P$. 由于$P + (b)$真包含P, 而P为$\mathcal{A}$极大元, 必有$P + (b) \notin \mathcal{A}$, 从而有$k \in \mathbb{N}$使得$a^k \in P + (b)$. 类似地, 有$m \in \mathbb{N}$使得$a^m$属于$P + (c)$.

写$a^k = p + bx$, $a^m = p' + cy$, 这里$p, p' \in P$, $x, y \in R$. 于是

$$a^{k+m} = (p + bx)(p' + cy) = pp' + pcy + bxp' + (bc)xy \in P,$$

这与$P \cap \{a^n : n \in \mathbb{N}\} = \emptyset$矛盾.

定理4.5证毕.

环 R 中元 a 为**幂零元** (nilpotent element) 指有正整数 n 使得 $a^n = 0$.

设 R 为交换幺环. 如果 R 中只有零元, 则 $O = (0)$ 为 R 的素理想. 如果 R 中有非零元, 则零理想 $O = (0)$ 不含 1, 从而依定理 4.5 知 R 有素理想. 我们把 R 的所有素理想的交称为环 R 的**诣零根** (nil-radical), 记为 $r(R)$.

定理4.6. 交换幺环 R 的诣零根恰由 R 的全体幂零元构成.

证明: 设 $a \in R$ 为幂零元, 则有正整数 n 使得 $a^n = 0$. 任给 R 的素理想 P, 由于 n 个 a 的乘积 0 属于 P, 必有 $a \in P$. 因此 $a \in r(R)$.

假如 $a \in R$ 不是幂零元, 则 $(0) \cap \{a^n : n \in \mathbb{N}\} = \emptyset$. 应用定理 4.5 知有 R 的素理想 P 不含 a 的幂次, 从而 $a \notin P$. 故 $a \notin r(R)$.

综上, 定理 4.6 得证.

【例4.2】设整数 $m > 1$ 有素数分解式 $p_1^{\alpha_1} \cdots p_n^{\alpha_n}$, 这里 $p_1, \cdots, p_n$ 为不同素数, $\alpha_1, \cdots, \alpha_n$ 为正整数. 交换幺环 $\mathbb{Z}/m\mathbb{Z}$ 的真理想形如 $p\mathbb{Z}/m\mathbb{Z}$, 这里 p 为大于 1 的整数而且 $p\mathbb{Z} \supseteq m\mathbb{Z}$ (即 $p \mid m$). 由定理 4.2 知, $p\mathbb{Z}/m\mathbb{Z}$ 为 $\mathbb{Z}/m\mathbb{Z}$ 的素理想当且仅当

$$(\mathbb{Z}/m\mathbb{Z})/(p\mathbb{Z}/m\mathbb{Z}) \cong \mathbb{Z}/p\mathbb{Z}$$

是整环, 这等价于要求 p 为素数. 因此

$$r(\mathbb{Z}/m\mathbb{Z}) = \bigcap_{i=1}^{n}(p_i\mathbb{Z}/m\mathbb{Z}) = p_1 \cdots p_n\mathbb{Z}/m\mathbb{Z}.$$

m 的所有不同素因子之积 $p_1 \cdots p_n$ 叫做 m 的**根** (radical), 记为 $\mathrm{rad}(m)$.

下述著名猜测由英国数学家 D. Masser 与法国数学家 J. Oesterlé 分别在 1985 年与 1988 年各自独立提出.

abc猜想. 任给 $\varepsilon > 0$, 只有有限个互素的正整数对 $\{a, b\}$ 使得 $c > \mathrm{rad}(abc)^{1+\varepsilon}$, 这里 $c = a + b$.

此猜测的重要性在于它统一了许多看起来不同的深刻猜测. A. Wiles 对 Fermat 大定理的证明 (发表于 1995 年) 有一百多页, 利用 abc 猜想只需半页纸即可导出 Fermat 大定理.

2012 年日本数学家望月新一 (S. Mochizuki) 在其单位网站上挂出四篇长文声称用他自创的一套理论证明了 abc 猜想, 迄今为止其超过 500 页的证明究竟正确与否仍有争议.

设交换幺环 R 有非零元, 根据推论 4.1 环 R 有极大理想. R 的所有极大理想的交叫做环 R 的 **Jacobson根** (Jacobson radical), 记为 $J(R)$. 如何证明下述定理留给读者自己思考.

定理4.7. 设交换幺环 R 有非零元, 则

$$J(R) = \{a \in R : \forall x \in R\, (1 - ax \in U(R))\}.$$

第4章 习题

1. 设a与b属于幺环R, 又设$1 - ab$在R中有乘法逆元c, 证明$1 - ba$在R中有逆元$1 + bca$.

2. 设R为幺环, 且对任何$a \in R$都有$a^2 = a$, 证明R为交换环.

3. 设a为幺环R的幂零元, 即有正整数n使得$a^n = 0$, 证明$1 - a$为环R的单位.

4. 证明
$$\mathcal{H} = \left\{ 四元数a + bi + cj + dk : a, b, c, d \in \mathbb{Z}或a, b, c, d \in \frac{1}{2} + \mathbb{Z} \right\}$$
是Hamilton四元数体$\mathbb{H}$的子环.

5. 证明§4.1节的Cartan-Brauer-Hua定理.

6. 是否环R的所有理想依理想加法总形成Abel群?

7. 设I与J为幺环R的理想, 是否总有$(I \cup J) \subseteq IJ$?

8. 设I为交换幺环R的理想, 证明$\sqrt{I} = \{a \in R : \exists n > 0 \, (a^n \in I)\}$也是$R$的理想.

9. 设$\mathbb{Z}[\omega] = \{a + b\omega : a, b \in \mathbb{Z}\}$, 其中$\omega = \frac{-1 + \sqrt{-3}}{2}$. 环$\mathbb{Z}[\omega]$的单位群共有多少个元素?

10. 证明本章定理2.3.

11. 证明本章定理2.4.

12. 设I, J, K都是幺环R的理想. 证明I与JK互素当且仅当I与J, K都互素.

13. 设幺环R是其理想$R_1, \cdots, R_n$的内直和, 证明R的每个理想I都是$I \cap R_1, \cdots, I \cap R_n$的内直和.

14. 求同余方程组
$$\begin{cases} x \equiv 1 \pmod{2} \\ x \equiv 2 \pmod{5} \\ x \equiv 3 \pmod{7} \\ x \equiv 4 \pmod{9} \end{cases}$$
的公解.

15. 设 R 交换幺环, 且对每个 $a \in R$ 都有整数 $n > 1$ 使得 $a^n = a$, 证明 R 的素理想都是 R 的极大理想.

16. 证明 $\mathbb{Z}[x]$ 的主理想 (3) 是素理想但不是极大理想.

17. 设 R 为有限交换幺环, 证明 R 的每个素理想都是 R 的极大理想.

18. 设 R 为交换幺环, $r(R)$ 是它的诣零根. 对于下面的三条 $(a), (b), (c)$, 证明 $(a) \Rightarrow (b) \Rightarrow (c) \Rightarrow (a)$.

   (a) R 有唯一的素理想;

   (b) R 的每个元要么是单位, 要么是幂零元;

   (c) 商环 $R/r(R)$ 为域.

19. 证明本章定理 4.7.

20. 设 R 为交换幺环, I 为 R 的理想. 对 n 归纳证明: $P_1, \cdots, P_n$ 为 R 的素理想时, 由 $I \subseteq \bigcup_{i=1}^{n} P_i$ 可推出有 $1 \leqslant i \leqslant n$ 使得 $I \subseteq P_i$.

第5章 几类典型的交换环

§5.1 形式幂级数环与多项式环

设 R 为交换幺环. 对于由 R 中元组成的无穷序列 $a_0, a_1, \cdots$, 我们用 $(a_n)_{n \geqslant 0}$ 来表示. 对两个这样的序列 $(a_n)_{n \geqslant 0}$ 与 $(b_n)_{n \geqslant 0}$, 我们定义

$$(a_n)_{n \geqslant 0} + (b_n)_{n \geqslant 0} = (a_n + b_n)_{n \geqslant 0},$$

$$(a_n)_{n \geqslant 0} \cdot (b_n)_{n \geqslant 0} = \left(\sum_{k=0}^{n} a_k b_{n-k} \right)_{n \geqslant 0}.$$

交换幺环 R 中元组成的无穷序列依上述加法 + 与卷积 · 构成一个交换幺环, 其中单位元为序列 $(1, 0, 0, \cdots)$. 此环叫做 R 上**形式幂级数环**, 记之为 $R[\![x]\!]$, 其中 x 表示序列 $(0, 1, 0, \cdots)$.

设 R 为交换幺环. 由于 $a \mapsto (a, 0, 0, \cdots)$ 给出了环 R 到 $R[\![x]\!]$ 的单同态, 我们可把 $a \in R$ 视为 $R[\![x]\!]$ 中元 $(a, 0, 0, \cdots)$. 如果 $a_n \in R$, 则

$$a_n x^n = (a_n, 0, 0, \cdots) (\underbrace{0, \cdots, 0}_{n \text{个}}, 1, 0, 0, \cdots)$$

$$= (\underbrace{0, \cdots, 0}_{n \text{个}}, a_n, 0, 0, \cdots).$$

鉴于此, 我们把 $(a_n)_{n \geqslant 0} \in R[\![x]\!]$ 写成更直观的 $\sum_{n=0}^{\infty} a_n x^n$, 并称之为 R **上的形式幂级数** (formal series). R 上的形式幂级数有下述基本性质:

$$\sum_{n=0}^{\infty} a_n x^n = \sum_{n=0}^{\infty} b_n x^n \iff \forall n \in \mathbb{N} \, (a_n = b_n),$$

$$\sum_{n=0}^{\infty} a_n x^n + \sum_{n=0}^{\infty} b_n x^n = \sum_{n=0}^{\infty} (a_n + b_n) x^n,$$

$$\sum_{k=0}^{\infty} a_k x^k \cdot \sum_{m=0}^{\infty} b_m x^m = \sum_{n=0}^{\infty} \left(\sum_{k+m=n} a_k b_m \right) x^n.$$

注意实数域上的形式幂级数 $\sum\limits_{n=0}^{\infty} a_n x^n$ 与数学分析里的幂级数有类似之处, 但没有所谓的收敛与发散之分.

设 R 为交换幺环, $R[\![x]\!]$ 的包含 R 与 x 的最小子环为 R 上一元多项式环

$$R[x] = \left\{ \sum_{n=0}^{\infty} a_n x^n \in R[\![x]\!] : \text{只有有限个} a_n \text{非零} \right\}.$$

$R[x]$ 中非零多项式形如 $P(x) = \sum\limits_{k=0}^{n} a_k x^k\ (a_n \neq 0)$, 其中 n 叫做 $P(x)$ 的**次数** (degree), 记为 $\deg P(x)$. 为方便起见, 我们约定零多项式的次数为 $-\infty$.

设 R 为交换幺环. 对于 $P(x), Q(x) \in R[x]$, 易见

$$\deg(P(x) \pm Q(x)) \leqslant \max\{\deg P(x), \deg Q(x)\},$$
$$\deg P(x)Q(x) \leqslant \deg P(x) + \deg Q(x).$$

如果 R 为整环, 则对 $P(x), Q(x) \in R[x]$ 有

$$\deg P(x)Q(x) = \deg P(x) + \deg Q(x).$$

设 R 为交换幺环. R 上多元多项式环可如下递归定义:

$$R[x_1, \cdots, x_n] = R[x_1, \cdots, x_{n-1}][x_n]\ \ (n = 2, 3, \cdots).$$

归纳易见, 对任何正整数 n 有

$$R[x_1, \cdots, x_n] = \left\{ \sum_{\substack{i_1, \cdots, i_n \in \mathbb{N} \\ i_1 + \cdots + i_n \leqslant m}} a_{i_1, \cdots, i_n} x_1^{i_1} \cdots x_n^{i_n} : m \geqslant 0,\ a_{i_1, \cdots, i_n} \in R \right\}.$$

对于 $R[x_1, \cdots, x_n]$ 中非零多项式

$$P(x_1, \cdots, x_n) = \sum_{i_1, \cdots, i_n \in \mathbb{N}} a_{i_1, \cdots, i_n} x_1^{i_1} \cdots x_n^{i_n},$$

$\deg P(x_1, \cdots, x_n)$ 指使 $a_{i_1, \cdots, i_n} \neq 0$ 的 $i_1 + \cdots + i_n$ 的最大值.

定理1.1. 如果 R 为整环, 那么 R 上 n 元多项式环 $R[x_1, \cdots, x_n]$ 也是整环, 而且

$$U(R[x_1, \cdots, x_n]) = U(R).$$

证明：由第4章例1.3知, R为整环时$R[x]$亦为整环. 如果R为整环, 则$U(R[x]) = U(R)$, 因为$f(x), g(x) \in R[x]$且$f(x)g(x) = 1$时, $\deg f(x) = \deg g(x) = 0$. 因此, 对$n$归纳即得所要结论.

定理1.2. 设R为交换幺环, $f(x), g(x) \in R[x]$且$g(x)$的首项(即最高次项)系数是R的单位. 则有唯一的一对多项式$q(x), r(x) \in R[x]$(分别叫$f(x)$被$g(x)$除所得的**商**与**余式**), 使得

$$f(x) = g(x)q(x) + r(x) \text{ 且 } \deg r(x) < \deg g(x).$$

证明：设

$$S = \{f(x) - g(x)h(x) : h(x) \in R[x]\}$$

中次数最低的一个为$r(x) = f(x) - g(x)q(x)$, 这里$q(x) \in R[x]$.

假如$\deg r(x) \geqslant \deg g(x) \geqslant 0$, 写

$$r(x) = \sum_{i=0}^{m} a_i x^i, \ \ g(x) = \sum_{j=0}^{n} b_j x^j$$

(其中a_m与b_n都非零), 则$c = a_m b_n^{-1} \in R$(因b_n为R的单位)且

$$\bar{r}(x) = r(x) - cx^{m-n}g(x)$$

的次数小于$m = \deg r(x)$. 注意

$$\bar{r}(x) = f(x) - (q(x) + cx^{m-n})g(x) \in S,$$

这与$r(x)$的选取矛盾.

由上一段, $\deg r(x) < \deg g(x)$.

假如还有$f(x) = g(x)\tilde{q}(x) + \tilde{r}(x)$, 其中$\tilde{q}(x), \tilde{r}(x) \in R[x]$且$\deg \tilde{r}(x) < \deg \tilde{g}(x)$. 则

$$g(x)(q(x) - \tilde{q}(x)) = f(x) - r(x) - (f(x) - \tilde{r}(x)) = \tilde{r}(x) - r(x).$$

由于$\tilde{r}(x) - r(x)$次数小于$g(x)$的次数, 必有$q(x) = \tilde{q}(x)$且$r(x) = \tilde{r}(x)$.

设R为交换幺环, $f(x), g(x) \in R[x]$. 如果有$q(x) \in R[x]$使得$f(x) = g(x)q(x)$, 就说$g(x)$**整除**$f(x)$, 记为$g(x) \mid f(x)$.

推论1.1. 设R为交换幺环, $f(x) \in R[x]$且$c \in R$. 则

$$x - c \mid f(x) \text{ (在}R[x]\text{中)} \iff f(c) = 0.$$

证明：依定理1.2, 有$q(x), r(x) \in R[x]$使得

$$f(x) = (x - c)q(x) + r(x) \text{ 且 } \deg r(x) < \deg(x - c) = 1.$$

多项式$r(x)$实际上是某个常数$r \in R$, 显然$f(c) = r$. 因此

$$x - c \mid f(x) \iff x - c \mid f(c) \iff f(c) = 0.$$

定理1.3. 设R为整环, 且$f(x) \in R[x]$. 如果$\deg f(x)$是自然数n, 则方程$f(x) = 0$在R中至多有n个不同的根.

证明：我们对$n = \deg f(x)$进行归纳.

当$n = 0$时, $f(x)$是R中非零常数, 方程$f(x) = 0$在R中没有根(即至多0个根).

设$\deg f(x) = n > 0$, 且$R[x]$中$n - 1$次多项式在R中至多有$n - 1$个不同零点. 如果$f(x) = 0$在R中没有根, 则其在R中不同根个数小于n.

假如有$c \in R$使得$f(c) = 0$, 依推论1.1有$g(x) \in R[x]$使得$f(x) = (x - c)g(x)$. 由于$\deg g(x) = n - 1$, 依归纳假设, $|\{r \in R : \ g(r) = 0\}| \leqslant n - 1$. 由于$R$无零因子, 如果$r \in R$且$f(r) = 0$, 则必有$r = c$或$g(r) = 0$. 因此

$$|\{r \in R : \ f(r) = 0\}| \leqslant 1 + (n - 1) = n.$$

综上所述, 我们归纳证明了定理1.3.

【例1.1】对任何整数a, 我们有

$$(2a + 1)^2 = 4a(a + 1) + 1 \equiv 1 \pmod{8}.$$

因此, 对于交换幺环

$$R = \mathbb{Z}/8\mathbb{Z} = \{\bar{a} = a + 8\mathbb{Z} : a \in \mathbb{Z}\},$$

方程$x^2 = \bar{1}$在R中有四个不同的根：$\bar{1}, \bar{3}, \bar{5}, \bar{7}$. 这表明定理1.3中"$R$为整环"这个条件不能削弱成"$R$为交换幺环".

【例1.2】(Y. Bilu猜想). 设$f(x), g(x) \in \mathbb{Z}[x]$且$g(x)$首项系数为1(简称首一). 假设有无穷多个整数$m$使得$g(m) \mid f(m)$, 则在$\mathbb{Z}[x]$中有$g(x) \mid f(x)$.

证明 (孙智伟, 2003)：依定理1.2, 有$q(x), r(x) \in \mathbb{Z}[x]$使得

$$f(x) = g(x)q(x) + r(x) \text{ 且 } \deg r(x) < \deg g(x).$$

注意有无穷多个 $m \in \mathbb{Z}$ 使得 $g(m)$ 整除 $r(m) = f(m) - g(m)q(m)$. 由于 $\deg r(x) < \deg g(x)$, 整数 m 绝对值充分大时 $|g(m)| > |r(m)|$. 因此有无穷多个 $m \in \mathbb{Z}$ 使得 $r(m) = 0$. 再应用定理1.3知 $r(x)$ 为零多项式, 即在 $\mathbb{Z}[x]$ 中有 $g(x) \mid f(x)$.

利用定理1.3可证下述重要结论.

定理1.4. 设 R 为整环, 则 R 的单位群 $U(R)$ 的有限子群都是循环的.

证明: 设 G 为 $U(R)$ 的有限子群, 则 G 为有限Abel群. 依定理1.3, 对任何正整数 n 有

$$|\{x \in G : x^n = 1\}| \leqslant |\{x \in R : x^n = 1\}| \leqslant n.$$

依第3章定理6.1, 有 $a \in G$ 使得 a 的阶为 $n = \exp(G)$. 由于

$$|G| = |\{x \in G : x^n = 1\}| \leqslant n = |\langle a \rangle| \leqslant |G|,$$

G 就是循环群 $\langle a \rangle$.

回忆一下, $\omega = \frac{-1 + \sqrt{-3}}{2}$ 是立方根.

【例1.3】由于 $\omega^2 = -1 - \omega$, 易见

$$\mathbb{Z}[\omega] = \{a + b\omega : a, b \in \mathbb{Z}\}$$

依复数的加乘法形成整环(它叫**Eisenstein整数环**). 显然 $\pm 1, \pm \omega, \pm \omega^2$ 都是此环的单位.

假如 $a, b, c, d \in \mathbb{Z}$ 且 $(a + b\omega)(c + d\omega) = 1$, 两边取共轭得 $(a + b\bar{\omega})(c + d\bar{\omega}) = 1$. 于是

$$1 = (a + b\omega)(a + b\bar{\omega})(c + d\omega)(c + d\bar{\omega}) = (a^2 - ab + b^2)(c^2 - cd + d^2),$$

从而 $1 = a^2 - ab + b^2$, 即 $4 = (2a - b)^2 + 3b^2$. 因此, 要么 $b = 0$ 且 $a \in \{\pm 1\}$, 要么 $b \in \{\pm 1\}$ 且 $a \in \{0, b\}$. 这蕴含着 $a + b\omega \in \{\pm 1, \pm \omega, \pm \omega^2\}$.

由上述推理知

$$U(\mathbb{Z}[\omega]) = \{\pm 1, \pm \omega, \pm \omega^2\},$$

这是由 $-\omega$ 生成的6阶循环群.

设 R 为交换幺环. 对于 $P(x_1, \cdots, x_n) \in R[x_1, \cdots, x_n]$, 如果对任何 $\sigma \in S_n$ 都有

$$P(x_{\sigma(1)}, \cdots, x_{\sigma(n)}) = P(x_1, \cdots, x_n),$$

则称 $P(x_1, \cdots, x_n)$ 为**对称多项式**(symmetric polynomial). 下述多项式

$$\sigma_k(x_1, \cdots, x_n) = \sum_{1 \leqslant i_1 < i_2 < \cdots < i_k} x_{i_1} x_{i_2} \cdots x_{i_k} \quad (k = 1, \cdots, n)$$

叫做关于 $x_1, \cdots, x_n$ 的**初等对称多项式**(elementarty symmetric polynomial).

定理1.5(对称多项式基本定理). 任给交换幺环R上对称多项式$f(x_1, \cdots, x_n)$, 有多项式$g(x_1, \cdots, x_n) \in R[x_1, \cdots, x_n]$使得

$$f(x_1, \cdots, x_n) = g(\sigma_1(x_1, \cdots, x_n), \cdots, \sigma_n(x_1, \cdots, x_n)).$$

证明: f为零多项式时, 可取g为零多项式.

现在假设f不是零多项式. 由于$f(x_1, \cdots, x_n)$关于$x_1, \cdots, x_n$对称, 我们可写

$$f(x_1, \cdots, x_n) = \sum_{\substack{i_1 \geqslant \cdots \geqslant i_n \geqslant 0 \\ i_1 + \cdots + i_n \leqslant m}} c_{i_1, \cdots, i_n} \sum_{\tau \in S_n} \prod_{j=1}^{n} x_j^{i_{\tau(j)}}, \tag{1.1}$$

其中$m \in \mathbb{N}$且$c_{i_1, \cdots, i_n} \in R$. 我们把集合

$$\{x_1^{i_1} \cdots x_n^{i_n} : i_1, \cdots, i_n \in \mathbb{N} \text{ 且 } i_1 + \cdots + i_n \leqslant m\}$$

中单项式按字典排序, 亦即规定

$$x_1^{i_1} \cdots x_n^{i_n} > x_1^{j_1} \cdots x_n^{j_n} \iff \text{有}1 \leqslant k \leqslant n\text{使得}i_k > j_k\text{且对}s < k\text{都有}i_s = j_s.$$

对于(1.1)中系数非零的最大单项式$x_1^{j_1} \cdots x_n^{j_n}$, 显然$j_1 \geqslant \cdots \geqslant j_n$. 对$k = 1, \cdots, n$, 把$\sigma_k(x_1, \cdots, x_n)$简记为$\sigma_k$, 易见对称多项式

$$\sigma_1^{j_1-j_2} \sigma_2^{j_2-j_3} \cdots \sigma_{n-1}^{j_{n-1}-j_n} \sigma_n^{j_n},$$

展开式中系数非零的最大单项式正是$x_1^{j_1} \cdots x_n^{j_n}$, 而且这项系数为1. 令

$$g_1(x_1, \cdots, x_n) = c_{j_1, \cdots, c_{j_n}} x_1^{j_1-j_2} x_2^{j_2-j_3} \cdots x_{n-1}^{j_{n-1}-j_n} x_n^{j_n},$$

则

$$f_1(x_1, \cdots, x_n) = f(x_1, \cdots, x_n) - g_1(\sigma_1, \cdots, \sigma_n)$$

也是对称多项式, 且其中系数非零的最大单项式比f的系数非零的最大单项式小. 如果f_1不是零多项式, 依上面方法又可找到R上多项式$g_2(x_1, \cdots, x_n)$使得对称多项式

$$f_2(x_1, \cdots, x_n) = f_1(x_1, \cdots, x_n) - g_2(\sigma_1, \cdots, \sigma_n)$$
$$= f(x_1, \cdots, x_n) - g_1(\sigma_1, \cdots, \sigma_n) - g_2(\sigma_1, \cdots, \sigma_n)$$

中系数非零的最大单项式比f_1的系数非零的最大单项式小. 按此法进行有限步后, 我们就找到有限个R上多项式$g_1, \cdots, g_k$使得

$$f(x_1, \cdots, x_n) - g_1(\sigma_1, \cdots, \sigma_n) - \cdots - g_k(\sigma_1, \cdots, \sigma_n)$$

为零多项式, 于是$g = g_1 + \cdots + g_k$符合要求. 定理1.5证毕.

§5.2 Euclid 整环与主理想整环

大家都熟悉下述基本结果.

定理2.1 ($\mathbb{Z}$上的带余除法). *设$a, b \in \mathbb{Z}$且$b \neq 0$, 则有唯一的一对整数q与r使得*

$$a = bq + r \text{ 且 } 0 \leqslant r < |b|$$

(*其中r叫a被b除所得的**最小非负余数***).

证明: x与b同号且$|x|$充分大时, $bx \geqslant |a|$. 因此集合$S = \{a + bx : x \in \mathbb{Z}\}$包含自然数. 设$S$中最小的自然数为$r = a - bq$, 这里$q \in \mathbb{Z}$. 如果$r \geqslant |b|$, 则$r_0 = r - |b| \in S$且$0 \leqslant r_0 < r$, 这与$r$的选取矛盾. 因此$0 \leqslant r < |b|$.

如果还有$a = bq' + r'$ (其中$q', r' \in \mathbb{Z}$且$0 \leqslant r' < |b|$), 则$|b(q - q')| = |r' - r| < |b|$, 从而$q = q'$且$r = r'$.

设R为整环. 如果有映射$N : R \setminus \{0\} \to \mathbb{N} = \{0, 1, \cdots\}$, 使得对任何$a \in R$与$b \in R \setminus \{0\}$都有$q, r \in R$满足$a = bq + r$, 而且$r \neq 0$时$N(r) < N(b)$, 则称$R$为**Euclid整环**(Euclidian domain), N为相应的Euclid函数.

【**例2.1**】由定理2.1知, $a, b \in \mathbb{Z}$且$b \neq 0$时, 有$q, r \in \mathbb{Z}$使得$a = bq + r$且$0 \leqslant r < |b|$, 注意$r \neq 0$时$|r| = r < |b|$. 由此可见整数环$\mathbb{Z}$是Euclid整环, 相应的Euclid函数为$N(z) = |z|$.

定理2.2. *设F为域, 则$F[x]$为Euclid整环.*

证明: 因F是整环, $F[x]$亦为整环. 设$f(x), g(x) \in F[x]$且$g(x)$不是零多项式. $g(x)$首项系数是F中非零元, 从而为F的单位. 依定理1.2, 有$q(x), r(x) \in F[x]$使得

$$f(x) = g(x)q(x) + r(x) \text{ 且 } \deg r(x) < \deg g(x).$$

当$r(x)$不是零多项式时, $\deg r(x)$是小于$\deg g(x)$的自然数.

由上可见, $F[x]$为Euclid整环, 相应的Euclid函数为$N(P(x)) = \deg P(x)$ (这里$P(x)$为$F[x]$中非零多项式).

定理2.3. *设R为Gauss复整数环*

$$\mathbb{Z}[i] = \{a + bi : a, b \in \mathbb{Z}\}$$

或者Eisenstein整数环

$$\mathbb{Z}[\omega] = \{a + b\omega : a, b \in \mathbb{Z}\} \quad \left(\text{其中 } \omega = \frac{-1 + \sqrt{-3}}{2}\right).$$

对$z \in R \setminus \{0\}$让$N(z) = z\bar{z} = |z|^2$, 则R依Euclid函数N形成Euclid整环.

证明: 由于 $i^2 = -1$ 且 $\omega^2 = -1 - \omega$, 易见 $\mathbb{Z}[i]$ 与 $\mathbb{Z}[\omega]$ 都是整环. 对于 $a, b \in \mathbb{Q}$, 我们有

$$|a + bi|^2 = (a + bi)(a - bi) = a^2 + b^2 \geqslant 0,$$

$$|a + b\omega|^2 = (a + b\omega)(a + b\bar{\omega}) = a^2 - ab + b^2 = \left(a - \frac{b}{2}\right)^2 + \frac{3}{4}b^2 \geqslant 0.$$

因此, $z \in R$ 时 $z\bar{z} = |z|^2 \in \mathbb{N}$.

任给 $\alpha \in R$ 与 $\beta \in R \setminus \{0\}$, 我们要找 $\eta, \gamma \in R$, 使得 $\alpha = \beta\eta + \gamma$ 且 $|\gamma|^2 < |\beta|^2$, 即找 $\eta \in R$ 使得 $|\frac{\alpha}{\beta} - \eta|^2 < 1$.

由于 R 对求复共轭封闭, 有 $r, s \in \mathbb{Q}$ 使得

$$\frac{\alpha}{\beta} = \frac{\alpha\bar{\beta}}{|\beta|^2} = \begin{cases} r + si & \text{如果} R = \mathbb{Z}[i], \\ r + s\omega & \text{如果} R = \mathbb{Z}[\omega]. \end{cases}$$

取 $m \in \mathbb{Z}$ 使得 $|r - m| < \frac{1}{2}$ (即 m 为实数轴上最靠近 r 的整数), 再取 $n \in \mathbb{Z}$ 使得 $|s - n| < \frac{1}{2}$.

$R = \mathbb{Z}[i]$ 时, 对 $\eta = m + ni$ 有

$$\left|\frac{\alpha}{\beta} - \eta\right|^2 = |(r - m) + (s - n)i|^2 = (r - m)^2 + (s - n)^2 \leqslant \frac{1}{4} + \frac{1}{4} < 1.$$

$R = \mathbb{Z}[\omega]$ 时, 对 $\eta = m + n\omega$ 有

$$\begin{aligned} \left|\frac{\alpha}{\beta} - \eta\right|^2 &= |(r - m) + (s - n)\omega|^2 \\ &= (r - m)^2 - (r - m)(s - n) + (s - n)^2 \\ &\leqslant \frac{1}{4} + \frac{1}{4} + \frac{1}{4} < 1. \end{aligned}$$

至此, 定理 2.3 证毕.

设整数 $d \neq 0, 1$ 无平方因子 (即大于 1 的平方数都不是其因子), 定义

$$R_d = \begin{cases} \{a + b\sqrt{d} : a, b \in \mathbb{Z}\} & \text{如果} d \not\equiv 1 \pmod 4, \\ \{a + b\frac{-1+\sqrt{d}}{2} : a, b \in \mathbb{Z}\} & \text{如果} d \equiv 1 \pmod 4. \end{cases}$$

注意 $\theta = \frac{-1+\sqrt{d}}{2}$ 满足 $\theta^2 + \theta + \frac{1-d}{4} = 0$. 易见 R_d 按照复数的加乘法形成整环.

由定理 2.3 知, $R_{-1} = \mathbb{Z}[i]$ 与 $R_{-3} = \mathbb{Z}[\omega]$ 均为 Euclid 整环. 已知 $d < 0$ 且 R_d 为 Euclid 整环时, $d \in \{-1, -2, -3, -7, -11\}$.

对于 $\alpha = r + s\sqrt{d} \in R_d \setminus \{0\}$ (其中 $r, s \in \mathbb{Q}$), 我们定义 $N(\alpha) = |r^2 - ds^2|$. 当 $d < 0$ 时, 已知 R_d 按照映射 N 形成 Euclid 整环, 当且仅当 $d \in \{-1, -2, -3, -7, -11\}$.

当$d > 0$时, 已知R_d按照映射N形成Euclid整环, 当且仅当

$$d \in \{2, 3, 5, 6, 7, 11, 13, 17, 19, 21, 29, 33, 37, 41, 57, 73\}.$$

已知$d = 69$时R_d也是Euclid整环, 但其相应Euclid函数不是上面定义的映射N.

由交换幺环R中一个元a生成的理想

$$(a) = Ra = \{ra : r \in R\}$$

叫做R的**主理想** (principal ideal).

每个理想都是主理想的整环叫做**主理想整环** (principal ideal domain, 简记为PID).

定理2.4. 设R为Euclid整环, 则R必为主理想整环.

证明: 显然R的零理想$O = \{0\}$是0生成的主理想.

任给R的一个非零理想I, 我们要证I为主理想. 设R相应的Euclid函数为$N : R \setminus \{0\} \to \mathbb{N}$. 取$a \in I \setminus \{0\}$使得$N(a)$达最小, 显然$(a) \subseteq I$.

假如$I \not\subseteq (a)$, 则有$b \in I$使得$b \notin (a)$. 写$b = aq + r$, 这里$q, r \in R$, 并且$r \neq 0$时$N(r) < N(a)$. 因$b \notin (a)$, 我们有$r \neq 0$. 注意$r = b - aq \in I \setminus \{0\}$且$N(r) < N(a)$, 这与$a$的选取矛盾.

综上, R的每个理想都是主理想.

设整数$d \neq 0, 1$无平方因子. $d = -1, -2, -3, -7, -11$时, 前面定义的R_d为Euclid整环, 从而是主理想整环. 在$d < 0$时, Gauss猜测R_d为主理想整环当且仅当

$$d \in \{-1, -2, -3, -7, -11, -19, -43, -67, -163\}.$$

1966年, H. M. Stark [Trans. Amer. Math. Soc. 122(1966)]在K. Heegner和A. Baker前期工作基础上彻底证实了这一猜想.

1801年, Gauss猜测有无穷多个无平方因子的整数$d > 1$, 使得R_d为主理想整环. 此猜想至今悬而未决.

设R为整环且$a, b \in R$. 如果有$c \in R$使得$ac = b$, 我们就说a整除b(记为$a \mid b$), 并说a是b的**因子** (divisor). 如果有单位$u \in U(R)$使得$au = b$, 亦即$(a) = (b)$, 则称a与b**相伴**, 记为$a \sim b$. 易见相伴关系$\sim$为R上等价关系.

设整环R的非零元p不是R的单位. 如果p的每个因子要么为单位要么与p相伴, 则称p**不可约** (irreducible). 如果对任何$a, b \in R$由$p \mid ab$可得$p \mid a$或$p \mid b$, 亦即(p)为R的素理想, 则称p为R的**素元** (prime).

定理2.5. 设 p 为整环 R 的素元,则 p 在 R 中不可约.

证明： 假如 p 可约, 则有不是单位的 $a, b \in R \setminus \{0\}$ 使得 $p = ab$. 由于 $p \mid ab$ 且 p 为素元, p 整除 a 或者 b. 又 a 与 b 都整除 p, 故 $p \sim a$ 或者 $p \sim b$.

如果 $p \sim a$, 则有 $u \in U(R)$ 使得 $au = p = ab$, 于是 $a(u - b) = 0$, 从而 $b = u \in U(R)$. 如果 $p \sim b$, 则有 $v \in U(R)$ 使得 $vb = p = ab$, 从而 $a = v \in U(R)$. 但 a 与 b 都不是单位, 故得矛盾.

定理2.6. 设 R 为主理想整环, p 为 R 的不可约元, 则 p 必为 R 的素元.

证明： 由于 p 不是单位, $(p) \neq (1) = R$. 如果 R 的理想 I 包含 (p), 写 $I = (d)$ (其中 $d \in R$) 则 $d \mid p$, 从而 d 要么是单位要么与 p 相伴, 即 $I = (d)$ 是 $R = (1)$ 或者 (p). 因此 (p) 为 R 的极大理想.

由上及第4章定理4.1知, (p) 是 R 的素理想, 故 p 为素元.

根据定理2.5与定理2.6, 主理想整环中素元与不可约元完全吻合一致.

【例2.2】整数环 $\mathbb{Z}$ 为Euclid整环, 从而是主理想整环. $\mathbb{Z}$ 中单位只有 ± 1. 整数 $p \neq 0, \pm 1$ 是 $\mathbb{Z}$ 中不可约元(或素元)等价于 $|p|$ 为数论中所说的(正)素数.

【例2.3】设 F 为域. 一元多项式环 $F[x]$ 为Euclid整环, 从而是主理想整环. $F[x]$ 的单位就是域 F 的非零元. 非常数多项式 $p(x)$ 是 $F[x]$ 中不可约元(或素元)时, 我们称 $p(x)$ 是 F 上不可约多项式.

设 R 为整环且 $a_1, \cdots, a_n \in R$. 若 $d \in R$ 整除 $a_1, \cdots, a_n$ 中每一个, 则称 d 为 $a_1, \cdots, a_n$ 的**公因子** (common divisor). 如果 $d \in R$ 为 $a_1, \cdots, a_n$ 的公因子, 且 $a_1, \cdots, a_n$ 的任何公因子都整除 d, 则称 d 为 $a_1, \cdots, a_n$ 的**最大公因子** (greatest common divisor). 如果 $a_1, \cdots, a_n$ 都整除 $m \in R$, 就称 m 为 $a_1, \cdots, a_n$ 的**公倍元**. 如果 $m \in R$ 为 $a_1, \cdots, a_n$ 的公倍元, 且它整除 $a_1, \cdots, a_n$ 的任何公倍元, 则称 m 为 $a_1, \cdots, a_n$ 的**最小公倍元** (least common multiple).

定理2.7. 设 R 为主理想整环, 且 $a_1, \cdots, a_n \in R$.

(i) $d \in R$ 为 $a_1, \cdots, a_n$ 的最大公因子, 当且仅当 $a_1, \cdots, a_n$ 生成的理想

$$(a_1, \cdots, a_n) = (a_1) + \cdots + (a_n)$$

就是主理想 (d).

(ii) $m \in R$ 为 $a_1, \cdots, a_n$ 的最小公倍元, 当且仅当 $\bigcap_{i=1}^{n} (a_i)$ 就是主理想 (m).

证明： (i) 设$(a_1, \cdots, a_n)$是由$d_0 \in R$生成的主理想, 则d_0可表示成$a_1 x_1 + \cdots + a_n x_n$的形式, 其中$x_1, \cdots, x_n \in R$. 对每个$i = 1, \cdots, n$, 我们有$a_i \in (d_0)$, 从而$d_0$为$a_1, \cdots, a_n$的公因子. 如果$d \in R$为$a_1, \cdots, a_n$的公因子, 则$d$整除诸$a_i$ $(i = 1, \cdots, n)$, 从而d整除$\sum\limits_{i=1}^{n} a_i x_i = d_0$. 因此$d_0$为$a_1, \cdots, a_n$的最大公因子. 易见$d \in R$为$a_1, \cdots, a_n$的最大公因子, 当且仅当$d \mid d_0$且$d_0 \mid d$, 这相当于$(d) = (d_0) = (a_1, \cdots, a_n)$.

(ii) 设$(a_1) \cap \cdots \cap (a_n)$是由$m_0 \in R$生成的主理想. 对每个$i = 1, \cdots, n$, 我们有$m_0 \in (a_i)$, 从而$m_0$为$a_1, \cdots, a_n$的公倍元. 若$m \in R$为$a_1, \cdots, a_n$的公倍元, 则$m \in \bigcap\limits_{i=1}^{n} (a_i) = (m_0)$, 从而$m_0 \mid m$. 因此$m_0$为$a_1, \cdots, a_n$的最小公倍元. 易见$m \in R$为$a_1, \cdots, a_n$的最小公倍元, 当且仅当$m \mid m_0$且$m_0 \mid m$, 亦即$(m) = (m_0) = \bigcap\limits_{i=1}^{n} (a_i)$.

根据定理2.7, 主理想整环中任何n个元都有最大公因子与最小公倍元. 在整数环$\mathbb{Z}$中通常把$a_1, \cdots, a_n \in \mathbb{Z}$的最大公因子(最小公倍元)中非负的那个叫做$a_1, \cdots, a_n$的**最大公因数(最小公倍数)**, 记为$(a_1, \cdots, a_n)$ (相应地, $[a_1, \cdots, a_n]$). 整数a与b**互素** (relatively prime)指$(a, b) = 1$. F为域且$f_1(x), \cdots, f_n(x) \in F[x]$不全为零多项式时, $f_1(x), \cdots, f_n(x)$的最大公因子中首一的那个叫做$f_1(x), \cdots, f_n(x)$的**最大公因式**, 记为$(f_1(x), \cdots, f_n(x))$. 域F上多项式$f(x)$与$g(x)$**互素**指$(f(x), g(x)) = 1$.

【**例2.4**】证明$\mathbb{Z}[x]$中元素2与x生成的理想$(2, x)$不是主理想, 从而$\mathbb{Z}[x]$不是主理想整环.

证明： 显然, 理想

$$I = (2, x) = \{2g(x) + xh(x) : g(x), h(x) \in \mathbb{Z}[x]\}$$

中多项式的常数项都是偶数.

假如I是由$f(x) \in \mathbb{Z}[x]$生成的主理想, 则$2 \in I = (f(x))$, 从而$f(x) \mid 2$, 且$f(0)$为偶数. 因此$f(x)$为常数2或-2, 但这与$x \in I = (f(x))$矛盾.

§5.3 主理想整环中唯一分解定理

由上一节的定理2.5~2.6, 主理想整环中素元与不可约元完全一致.

引理3.1. 设R为主理想整环,

$$(a_1) \subseteq (a_2) \subseteq (a_3) \subseteq \cdots$$

为R的一个理想升链(其中诸a_i属于R), 则必有正整数N使得

$$(a_N) = (a_{N+1}) = (a_{N+2}) = \cdots.$$

证明: 令 $I = \bigcup_{n \in \mathbb{Z}^+}(a_n)$. 如果 $r \in R, x \in (a_i)$ 且 $y \in (a_j)$, 则

$$rx \in (a_i) \subseteq I \ \text{且} \ x \pm y \in (a_{\max i, j}).$$

因此 I 为 R 的理想. 而 R 为主理想整环, 必有 $a \in I$ 使得 $I = (a)$. 既然 $a \in I = \bigcup_{n \in \mathbb{Z}^+}(a_n)$, 必有正整数 N 使得 $a \in (a_N)$. 任给 $k \in \mathbb{N}$, 由于

$$I = (a) \subseteq (a_N) \subseteq (a_{N+k}) \subseteq I$$

我们有 $(a_N) = (a_{N+k})$. 因此 $(a_N) = (a_{N+1}) = (a_{N+2}) = \cdots$.

定理3.1. 设 R 为主理想整环, p 是 R 的素元, a 为 R 中非零元. 则有唯一的 $n \in \mathbb{N}$ 使得 $p^n \| a$, 即 $p^n \mid a$ 但 $p^{n+1} \nmid a$.

证明: 假如对任何 $n \in \mathbb{N}$ 都有 $p^n \mid a$, 写 $a = p^n a_n$, 这里 $a_n \in \mathbb{N}$. 任给 $n \in \mathbb{N}$, 由于

$$p^n(a_n - p a_{n+1}) = p^n a_n - p^{n+1} a_{n+1} = a - a = 0$$

且 R 无零因子, 我们有 $a_n = p a_{n+1}$, 从而 $(a_n) \subset (a_{n+1})$. 这样我们得到严格的理想升链

$$(a_0) \subset (a_1) \subset (a_2) \subset \cdots,$$

这与引理3.1矛盾.

由上一段, 集合 $\{k \in \mathbb{N} : \ p^{k+1} \nmid a\}$ 非空. 让 n 为此集合中最小元, 则 p^m ($m = 0, \cdots, n$) 都整除 a, 但 $p^{n+1}, p^{n+2}, \cdots$ 都不整除 a.

设 R 为主理想整环, p 为 R 的素元. 对于 $a \in R \setminus \{0\}$, 我们把适合 $p^n \mid a$ 的唯一的 $n \in \mathbb{N}$ 叫做 a 在素元 p 处的阶(order), 记为 $\mathrm{ord}_p(a)$. 我们还约定 $\mathrm{ord}_p(0) = +\infty$.

引理3.2. 设 R 为主理想整环, p 为 R 的素元, 则对任何 $a, b \in R$ 有

$$\mathrm{ord}_p(ab) = \mathrm{ord}_p(a) + \mathrm{ord}_p(b).$$

证明: 如果 a 或 b 为0, 则上式两边为 $+\infty$.

现在假定 $a, b \in R \setminus \{0\}$, $\alpha = \mathrm{ord}_p(a)$, $\beta = \mathrm{ord}_p(b)$. 则有不被 p 整除的 $c, d \in R$ 使得 $a = p^\alpha c$ 且 $b = p^\beta d$. 由于 p 是素元, 它不整除 cd. 由 $ab = p^{\alpha+\beta} cd$, 我们得到

$$\mathrm{ord}_p(ab) = \alpha + \beta = \mathrm{ord}_p(a) + \mathrm{ord}_p(b).$$

定理3.2 (主理想整环中唯一分解定理). 设R为主理想整环, 集合P由R的每个素元相伴等价类(即R的素理想)中各出一个代表元构成. 则每个$a \in R \setminus \{0\}$可唯一地表示成$u \prod\limits_{p \in P} p^{e(p)}$的形式, 这里$u$为$R$的单位, 诸$e(p)$都是自然数且其中只有有限个非零.

证明: 显然集合

$$S = \{a \in R \setminus \{0\} : a \notin U(R)且a可表示成有限个R中不可约元的乘积\}$$

对乘法封闭.

假如有R中的非零非单位元素a不属于S, 则a可约,从而可写$a = a_1 b_1$, 这里a_1, b_1为R中非零非单位元素. 由于S对乘法封闭且$a_1 b_1 = a \notin S$, a_1与b_1不全属于S, 不妨设$a_1 \notin S$. 因a_1可约, 又可写$a_1 = a_2 b_2$, 这里a_2, b_2为R中非零非单位元素. 由于S对乘法封闭且$a_2 b_2 = a_1 \notin S$, a_2与b_2不全属于S, 不妨设$a_2 \notin S$. 注意$(a) \subset (a_1) \subset (a_2)$. 再如上继续进行下去, 便知有无穷多个不在$S$中的非零非单位元素$a, a_1, a_2, a_3, \cdots$使得

$$(a) \subset (a_1) \subset (a_2) \subset (a_3) \subset \cdots,$$

这与引理3.1矛盾.

由上一段, R中任一个非零非单位元素a都可表示成$q_1 \cdots q_r$的形式, 这里$q_1, \cdots, q_r$为素元(亦即不可约元). 任给$1 \leqslant i \leqslant r$, 有素元$p_i \in P$使得$p_i$与$q_i$相伴, 从而有$u_i \in U(R)$使得$u_i p_i = q_i$. 因此$a = u p_1 \cdots p_r$, 这里$u = u_1 \cdots u_r \in U(R)$.

任给$a \in R \setminus \{0\}$, 依上一段可写$a = u \prod\limits_{p \in P} p^{e(p)}$, 这里$u \in U(R)$, 诸$e(p)$为自然数且其中只有有限个非零. 还需说明$e(p)$由$a$与素数$p \in P$唯一确定, 为此我们来证对任何$p \in P$都有$e(p) = \mathrm{ord}_p(a)$. 事实上, 根据引理3.2我们有

$$\mathrm{ord}_p(a) = \mathrm{ord}_p\left(u \prod_{q \in P} q^{e(q)}\right) = \mathrm{ord}_p(u) + \sum_{q \in P} e(q)\mathrm{ord}_p(q) = 0 + \sum_{q \in P} e(q)\delta_{p,q} = e(p),$$

其中$\delta_{p,q}$在$p = q$时取值1, 此外取值0.

至此, 定理3.2证毕.

【**例3.1**】对于主理想整环$\mathbb{Z}$, 取P为(正)素数构成的集合. 依定理3.2, 大于1的整数可写成有限个素数的乘积, 而且不计素数排列顺序时这种分解还是唯一的. 这正是数论中的**算术基本定理** (Fundamental Theorem of Arithmetic), 由Gauss首先明确陈述并证明.

【**例3.2**】设F为域, 对于主理想整环$F[x]$取P为$F[x]$中首一不可约多项式构成的集合. 依定理3.2, $F[x]$中首一多项式可唯一分解成$F[x]$中首一不可约多项式的乘积.

§5.4 Noether环与Hilbert基定理

定理4.1. 设R为交换幺环, 则下面三条表述彼此等价.

(i) R的每个理想是有限生成的, 即形如$(a_1, \cdots, a_n)$, 这里$a_1, \cdots, a_n \in R$.

(ii) (理想升链条件) 对于R的任一条理想升链

$$I_0 \subseteq I_1 \subseteq I_2 \subseteq \cdots,$$

必有自然数N使得$I_N = I_{N+1} = \cdots$.

(iii) R的任何非空理想簇$\{I_\lambda : \lambda \in \Lambda\}$ (其中$\Lambda \neq \emptyset$)都有关于$\subseteq$的极大元.

证明: (i)$\Rightarrow$(ii): 令$I = \bigcup\limits_{n \in \mathbb{N}} I_n$. 如果$a, b \in I$, 则有$m, n \in \mathbb{N}$使得$a \in I_m$且$b \in I_n$, 于是对$k = \max\{m, n\}$有$a, b \in I_k$, 从而$a \pm b \in I_k \subseteq I$. 当$a \in I_m$且$r \in R$时, 我们有$ra = ar \in I_m \subseteq I$. 因此$I$为$R$的理想.

依(i), 存在有限个$a_1, \cdots, a_\ell \in R$使得$I = (a_1, \cdots, a_\ell)$. $1 \leqslant i \leqslant \ell$时, 因$a_i \in I$有$n_i \in \mathbb{N}$使得$a_i \in I_{n_i}$. 于是对$N = \max\{n_1, \cdots, n_\ell\}$有$a_1, \cdots, a_\ell \in I_N$. 任给$j \in \mathbb{N}$, 我们有

$$I = (a_1, \cdots, a_\ell) \subseteq I_N \subseteq I_{N+j} \subseteq I,$$

从而$I_{N+j} = I_N = I$. 因此$I_N = I_{N+1} = \cdots$.

(ii)$\Rightarrow$(iii): 假如R的非空理想簇$\mathcal{A} = \{I_\lambda : \lambda \in \Lambda\}$无极大元. 任取$\lambda \in \Lambda$, 因$I_{\lambda_1}$不是$\mathcal{A}$的极大元, 有$\lambda_2 \in \Lambda$使得$I_{\lambda_1} \subset I_{\lambda_2}$. 如果已有$\lambda_1, \cdots, \lambda_n \in \Lambda$使得$I_{\lambda_1} \subset \cdots \subset I_{\lambda_n}$, 因$I_{\lambda_n}$不是$\mathcal{A}$极大元, 又有$\lambda_{n+1} \in \Lambda$使得$I_{\lambda_n} \subset I_{\lambda_{n+1}}$. 因此有无穷长的严格理想升链

$$I_{\lambda_1} \subset I_{\lambda_2} \subset \cdots,$$

这与(ii)相矛盾.

(iii)$\Rightarrow$(i): 假如R的理想I不是有限生成的. 取$a_1 \in I$, 则$(a_1) \neq I$. 再取$a_2 \in I \setminus (a_1)$, 则$(a_1) \subset (a_1, a_2)$. 由于$I$不是有限生成的, 又可取$a_3 \in I \setminus (a_1, a_2)$. 如此继续进行下去得到严格的理想升链

$$(a_1) \subset (a_1, a_2) \subset (a_1, a_2, a_3) \subset \cdots.$$

因非空理想簇$\{(a_1, \cdots, a_n) : n = 1, 2, 3, \cdots\}$没有极大元, 这与(iii)相矛盾.

至此可见, (i),(ii),(iii)相互等价. 定理4.1证毕.

设R为交换幺环. 如果R的每个理想都是有限生成的(等价地, R满足理想升链条件), 则称R为**Noether环** (Noetherian ring).

【历史注记】Noether与Hilbert

E. A. Noether (诺特, 1882–1935) 是德国人, 数学界公认的伟大女数学家. 她在1921年发表的经典论文"环中的理想论"标志着抽象代数现代化的开始, 物理学中的Noether定理揭示出守恒定律源于对称性. 1935年, 移居美国的Noether 因外科手术失败而去世.

E. A. Noether　　　　　　　　　D. Hilbert

D. Hilbert (希尔伯特, 1862–1943) 是著名的德国数学家. 1915年, 他主动邀请Noether来哥廷根大学讲课. 一些专家出于对妇女的偏见反对Noether 晋升讲师, Hilbert气愤地说:"我无法想象候选人的性别竟成了反对她升任讲师的理由, 别忘了, 我们这里是大学讲堂, 不是洗澡堂." 在Hilbert的支持下, Noether于1919年升任讲师, 1922年被评为教授.

Hilbert对数学多个领域作出了重要的贡献, "环(ring)" 这个术语就源于他. 在1900年的国际数学家大会上, 他提出的23个数学问题有力地推动了二十世纪的数学发展.

定理4.2 (Hilbert基定理). Noether环R上一元多项式环$R[x]$也是Noether环.

证明: 任给$R[x]$的一个理想I, 对$n \in \mathbb{N}$让

$$I_n = \{[x^n]P(x) : P(x) \in I \text{ 且 } \deg P(x) \leqslant n\},$$

其中$[x^n]P(x)$表示多项式$P(x)$中x^n项系数. 显然$0 \in I_n$且I_n对加减法封闭. 如果$P(x) = \sum_{i=0}^{n} a_i x^n \in I$, 则对任何$r \in R$有$\sum_{i=0}^{n}(ra_i)x^i = rP(x) \in I$, 从而$ra_n \in I_n$. 故$I_n$为环$R$的理想.

任给$n \in \mathbb{N}$与$P(x) \in I$, 显然$xP(x) \in I$且$[x^{n+1}]xP(x) = [x^n]P(x)$. 由此可见, I_n中元也是I_{n+1}中元. 因此

$$I_0 \subseteq I_1 \subseteq I_2 \subseteq \cdots.$$

而Noether环R满足理想升链条件, 故有$m \in \mathbb{N}$使得$I_m = I_{m+1} = \cdots$. 因$I_0, \cdots, I_m$ 都是有限生成的, 可设

$$I_n = (a_{n1}, \cdots, a_{n\ell_n}) \quad (n = 0, 1, \cdots, m; \ a_{nj} \in R).$$

$0 \leqslant n \leqslant m$ 且 $1 \leqslant j \leqslant \ell_n$ 时, 因 $a_{nj} \in I_n$ 有 $P_{nj}(x) \in I$ 使得 $\deg P_{nj}(x) \leqslant n$ 且 $[x^n]P_{nj}(x) = a_{nj}$. 令 J 为

$$\{P_{nj}(x) : 0 \leqslant n \leqslant m \text{且} 1 \leqslant j \leqslant \ell_n\}$$

生成的 $R[x]$ 的理想. 显然 $J \subseteq I$.

如果还有 $I \subseteq J$, 则 $I = J$ 是有限生成的. 余下只需证 I 中多项式都属于 J.

假如常数多项式 $cx^0 = c$ 属于 I(其中 $c \in R$), 那么 $c \in I_0 = (a_{00}, \cdots, a_{0\ell_0})$. $1 \leqslant j \leqslant \ell_0$ 时 $P_{0j}(x) = a_{0j}$, 故

$$cx^0 \in (P_{00}(x), \cdots, P_{0\ell_0}(x)) \subseteq J.$$

现设 $P(x) \in I$ 且 $\deg P(x) = n > 0$, 并假定 I 中次数小于 n 的多项式都属于 J. 令 $a_n = [x^n]P(x)$, 则 $a_n \in I_n = I_{\bar{n}}$, 这里 $\bar{n} = \min\{m, n\}$. 因此存在 $c_1, \cdots, c_{\ell_{\bar{n}}} \in R$, 使得 $a_n = \sum_{j=1}^{\ell_{\bar{n}}} c_j a_{\bar{n}j}$.

注意

$$Q(x) = P(x) - \sum_{j=1}^{\ell_{\bar{n}}} c_j P_{\bar{n}j}(x) x^{n-\bar{n}}$$

的 x^n 项系数为 $a_n - \sum_{j=1}^{\ell_{\bar{n}}} c_j a_{\bar{n}j} = 0$, 故 $\deg Q(x) \leqslant n-1$. 因 $P(x)$ 与诸 $P_{\bar{n}j}(x)$ $(1 \leqslant j \leqslant \ell_{\bar{n}})$ 都属于 I, 我们也有 $Q(x) \in I$. 根据归纳假设, $Q(x) \in J$. 于是

$$P(x) = Q(x) + \sum_{j=1}^{\ell_{\bar{n}}} c_j P_{\bar{n}j}(x) x^{n-\bar{n}} \in J.$$

这样我们就归纳证明了 I 中多项式都属于 J. 定理4.2得证.

定理4.3. $\mathbb{Z}[x_1, \cdots, x_n]$ 为 Noether 环, 域 F 上 n 元多项式环 $F[x_1, \cdots, x_n]$ 也是.

证明: 整数环 $\mathbb{Z}$ 为主理想整环, 从而是 Noether 环. 依 Hilbert 基定理,

$$\mathbb{Z}[x_1],\ \mathbb{Z}[x_1, x_2] = \mathbb{Z}[x_1][x_2],\ \cdots,\ \mathbb{Z}[x_1, \cdots, x_n] = \mathbb{Z}[x_1, \cdots, x_{n-1}][x_n]$$

都是 Noether 环.

域 F 的理想只有 (0) 与 (1), $F[x]$ 又为 Euclid 整环. 因此 F 与 $F[x]$ 都是主理想整环, 从而是 Noether 环. 应用 Hilbert 基定理知

$$F[x_1],\ F[x_1, x_2],\ \cdots,\ F[x_1, \cdots, x_n]$$

都是 Noether 环.

复数 α 为 **代数整数** (algebraic integer) 指有首一的多项式 $f(x) \in \mathbb{Z}[x]$ 使得 $f(\alpha) = 0$. 例如, $\omega = \frac{-1+\sqrt{-3}}{2}$ 是首一整系数多项式 $x^2 + x + 1$ 的零点, 因而是代数整数.

【例4.1】设 $d \neq 0, 1$ 为无平方因子整数, 易证

$$\{a + b\sqrt{d} : a, b \in \mathbb{Q} \text{ 且 } a + b\sqrt{d} \text{ 为代数整数}\}$$

正是上一节中定义的

$$R_d = \begin{cases} \{a + b\sqrt{d} : a, b \in \mathbb{Z}\} & \text{如果} d \not\equiv 1 \pmod 4, \\ \{a + b\frac{-1+\sqrt{d}}{2} : a, b \in \mathbb{Z}\} & \text{如果} d \equiv 1 \pmod 4. \end{cases}$$

尽管 R_d 不一定是主理想整环, 可证 R_d 总为Noether环, 它是代数数论的基本研究对象.

定理4.4. 设 R 为Noether环, 则对 R 的每个理想 I 都有有限个素理想 $P_1, \cdots, P_n$ 使得 I 包含它们的乘积 $P_1 \cdots P_n$.

证明: 假如结论不对, 则

$$\mathcal{A} = \{I \trianglelefteq R : I \text{ 不包含任何有限个素理想的乘积}\}$$

是个非空理想簇. 由于 R 为Noether环, 依定理4.1知 $\mathcal{A}$ 有极大元 $M \neq R$. 对 R 的任何素理想 P 都有 $P \not\subseteq M$ (因 $M \in \mathcal{A}$), 故 M 不是素理想. 于是有 $a, b \in R$ 使得 $ab \in M$, 但 $a, b \notin M$.

由于 $M + (a)$ 与 $M + (b)$ 均真包含 M, 它们都不属于 $\mathcal{A}$, 故有 R 的素理想 $P_1, \cdots, P_m$ 以及 $Q_1, \cdots, Q_n$ 使得 $M + (a)$ 包含 $P_1 \cdots P_m$, 并且 $M + (b)$ 包含 $Q_1 \cdots Q_n$. 由于 $ab \in M$, 理想 $M + (a)$ 与 $M + (b)$ 的乘积被 M 所包含, 因而

$$M \supseteq P_1 \cdots P_m Q_1 \cdots Q_n.$$

这与 $M \in \mathcal{A}$ 矛盾.

至此我们用反证法完成了定理4.4的证明.

尽管有定理4.4, Noether整环 R 的非零理想不一定总能写成 R 的有限个素理想的乘积. 可以证明整环 R 的每个非零理想可唯一分解成有限个素理想的乘积, 当且仅当 R 为Dedekind 整环. Dedekind整环是满足适当条件的Noether整环, 关于其确切定义读者可查阅代数数论方面的书籍.

第 5 章 习 题

1. 定义

$$\binom{x}{0} = 1, \quad \binom{x}{k} = \frac{x(x-1)\cdots(x-k+1)}{k!} \ (k = 1, 2, 3, \cdots).$$

利用定理1.3, 证明对任何 $n \in \mathbb{N}$ 有恒等式

$$\sum_{k=0}^{n} (-1)^k \binom{x}{k} = (-1)^n \binom{x-1}{n}.$$

2. (Alon, Nathanson, Ruzsa) 设 $A_1, \cdots, A_n$ 为域 F 的有穷非空子集, $f(x_1, \cdots, x_n)$ 为 F 上多项式且它关于 x_i 的次数小于 $|A_i|$ $(i = 1, \cdots, n)$. 如果对任何 $a_1 \in A_1, \cdots, a_n \in A_n$ 都有 $f(a_1, \cdots, a_n) = 0$, 则 $f(x_1, \cdots, x_n)$ 必为零多项式(提示: 对 n 归纳并利用定理1.3).

3. 设 R 为交换幺环, 假如多项式环 $R[x]$ 中的元素 $P(x)$ 是幂零元, 证明 $P(x)$ 的每个系数一定是 R 中的幂零元.

4. 设 F 为域, 证明形式幂级数环 $F[\![x]\!]$ 是主理想整环(提示: 如果 $f(x) \in F[\![x]\!]$ 的常数项非零,则 $f(x)$ 在 $F[\![x]\!]$ 中可逆).

5. 令 $\theta = \frac{-1+\sqrt{-7}}{2}$, 证明

$$\mathbb{Z}[\theta] = \{a + b\theta : a, b \in \mathbb{Z}\} = \left\{ \frac{x + y\sqrt{-7}}{2} : x, y \in \mathbb{Z} \text{ 且 } x \equiv y \,(\mathrm{mod}\ 2) \right\}$$

依映射 $N(z) = z\bar{z} = |z|^2$ 形成Euclid整环.

6. 令 $\theta = \frac{-1+\sqrt{-11}}{2}$, 证明

$$\mathbb{Z}[\theta] = \{a + b\theta : a, b \in \mathbb{Z}\} = \left\{ \frac{x + y\sqrt{-11}}{2} : x, y \in \mathbb{Z} \text{ 且 } x \equiv y \,(\mathrm{mod}\ 2) \right\}$$

依映射 $N(z) = z\bar{z} = |z|^2$ 形成Euclid整环.

7. 令 $R = \{\frac{a+b\sqrt{5}}{2} : a, b \in \mathbb{Z} \text{ 且 } a \equiv b \,(\mathrm{mod}\ 2)\}$. 对于 $\alpha = \frac{a+b\sqrt{5}}{2} \in R \setminus \{0\}$, 定义 $N(\alpha) = |\frac{a^2-5b^2}{4}|$. 证明 R 按照映射 N 形成Euclid整环.

8. 设R为Euclid整环,$N : R \setminus \{0\} \to \mathbb{N}$为相应的Euclid函数.任给$r_0 \in R$与$r_1 \in R \setminus \{0\}$, 作"辗转相除"如下:

$$r_0 = q_1 r_1 + r_2, \text{ 其中 } q_2, r_2 \in R, \ r_2 \neq 0 \text{且} N(r_2) < N(r_1),$$
$$r_1 = q_2 r_2 + r_3, \text{ 其中 } q_3, r_3 \in R, \ r_3 \neq 0 \text{且} N(r_3) < N(r_2),$$
$$\cdots\cdots$$
$$r_{k-2} = q_{k-1} r_{k-1} + r_k, \text{ 其中 } q_{k-1}, r_{k-1} \in R, \ r_k \neq 0 \text{且} N(r_k) < N(r_{k-1}),$$
$$r_{k-1} = q_k r_k + r_{k+1}, \text{ 其中 } r_{k+1} = 0.$$

证明r_k是r_0与r_1的最大公因子.

9. 四元数$\alpha = a + bi + cj + dk$ $(a, b, c, d \in \mathbb{R})$的范$N(\alpha)$指$a^2 + b^2 + c^2 + d^2$. Hamilton四元数体的Hurwitz子环指

$$\mathcal{H} = \left\{ \text{四元数} a + bi + cj + dk : a, b, c, d \in \mathbb{Z} \text{ 或 } a, b, c, d \in \frac{1}{2} + \mathbb{Z} \right\}.$$

(1) 证明$\alpha \in \mathcal{H}$时$N(\alpha)$为自然数.

(2) 已知对四元数α, β总有$N(\alpha\beta) = N(\alpha)N(\beta)$. 设$\alpha, \beta \in \mathcal{H}$且$\beta \neq 0$, 证明有$\eta, \gamma \in \mathcal{H}$使得$\alpha = \beta\eta + \gamma$且$N(\gamma) < N(\beta)$.

10. 考虑整环$\mathbb{Z}[\sqrt{-5}] = \{a + b\sqrt{-5} : a, b \in \mathbb{Z}\}$, 证明它仅有的单位是$\pm 1$, 而且

$$2, \ 3, \ 1 + \sqrt{-5}, \ 1 - \sqrt{-5}$$

都是它的不可约元. 这表明$6 = 2 \times 3 = (1 + \sqrt{-5})(1 - \sqrt{-5})$在$\mathbb{Z}[\sqrt{-5}]$中分解成不可约元乘积的方式不唯一.

11. (1) 设$\alpha = a + bi$是Gauss整数环$\mathbb{Z}[i]$的素元, 证明$N(\alpha) = \alpha\bar{\alpha} = a^2 + b^2$是$\mathbb{Z}$中的素数.
    (2) 证明素数$p \equiv 3 \pmod 4$不是Gauss整数环$\mathbb{Z}[i]$的素元.

12. 对于素数$p \equiv 1 \pmod 4$, 证明
    (1) $p = a^2 + b^2$ (其中$a, b \in \mathbb{Z}$)时$a + bi$为$\mathbb{Z}[i]$中素元.
    (2) 假如$p = a^2 + b^2 = c^2 + d^2$, 其中$a, b, c, d \in \mathbb{N}$, $a \geqslant b$且$c \geqslant d$, 证明$a = c$且$b = d$.

13. Eisenstein整数环$\mathbb{Z}[\omega]$ $\left(\text{其中}\omega = \frac{-1+\sqrt{-3}}{2}\right)$中元素3是否可约?

14. 设 $d \neq 0, 1$ 为无平方因子整数, 证明

$$\{a + b\sqrt{d} : a, b \in \mathbb{Q} \text{ 且 } a + b\sqrt{d} \text{ 为代数整数}\}$$

正是

$$R_d = \begin{cases} \{a + b\sqrt{d} : a, b \in \mathbb{Z}\} & \text{如果} d \not\equiv 1 \ (\text{mod } 4), \\ \{a + b\frac{-1+\sqrt{d}}{2} : a, b \in \mathbb{Z}\} & \text{如果} d \equiv 1 \ (\text{mod } 4). \end{cases}$$

15. 主理想整环的子环是否一定是主理想整环?

16. 设 $\mathbb{R}$ 为实数域, 证明

$$I = \{P(x, y) \in \mathbb{R}[x, y] : P(x, y) \text{的常数项为零}\}$$

是整环 $\mathbb{R}[x, y]$ 的理想, 但不是主理想.

17. 设 F 为域, 证明

$$F[x_1, x_2, \cdots] = \bigcup_{n \in \mathbb{N}} F[x_1, \cdots, x_n]$$

依多项式的加法与乘法形成整环, 但它不是 Noether 环.

18. 设 R 为 Noether 环, I 为 R 的理想, 证明商环 R/I 是 Noether 环.

19. 证明有限个 Noether 环的直和仍是 Noether 环.

20. 设 R 为交换幺环, I 为 R 的理想, 而且 I 与商环 R/I 都是 Noether 环.
    (1) 设 $\{I_n\}_{n=1}^{\infty}$ 为环 R 的理想升链, 证明有 $N \in \mathbb{Z}^+$ 使得 $n \geqslant N$ 时, $I_n \cap I = I_{n+1} \cap I$ 且 $I_n + I = I_{n+1} + I$.
    (2) 设 N 如 (1) 给出, 证明 $n \geqslant N$ 时 $I_{n+1} = I_n$. 由此说明 R 为 Noether 环.

第6章 域论

§6.1 域的基本性质

回忆一下, 域F是这样的交换幺环, 其中全体非零元依乘法构成Abel群. 我们把$F^* = F \setminus \{0\}$叫做域F的乘法群.域的单位元常记成1, 为区别于自然数1有时也用e表示.

对于域F的非零理想I, 取$a \in I \setminus \{0\}$, 则$1 = a^{-1}a \in I$,从而$I = F$. 因此域F的理想仅有$O = (0)$与$F = (1)$.

对于域F中元a与b, 如果$ab = 0$但$a \neq 0$, 则a在F中有逆元,从而$b = a^{-1}ab = 0$. 因此域没有零因子, 从而为整环.

对于整环R, 让$R^* = R \setminus \{0\}$. 由于R没有零因子, R^*对乘法封闭. 在$R \times R^*$上定义商等价$\sim$如下:

$$\langle a, b \rangle \sim \langle c, d \rangle \iff ad = bc.$$

易证这是$R \times R^*$上等价关系. 我们把$\langle a, b \rangle \in R \times R^*$所在的商等价类记为$\frac{a}{b}$, 并如下定义这种等价类之间的加法与乘法:

$$\frac{a}{b} + \frac{c}{d} = \frac{ad + bc}{bd}, \quad \frac{a}{b} \cdot \frac{c}{d} = \frac{ac}{bd}. \tag{1.1}$$

这个定义是合理的, 事实上, 如果

$$\langle a, b \rangle \sim \langle \bar{a}, \bar{b} \rangle \ \text{且} \ \langle c, d \rangle \sim \langle \bar{c}, \bar{d} \rangle$$

(其中$a, \bar{a}, c, \bar{c} \in R$且$b, \bar{b}, d, \bar{d} \in R^*$), 则$a\bar{b} = \bar{a}b$, $c\bar{d} = \bar{c}d$, 于是

$$ac\bar{b}\bar{d} = (a\bar{b})(c\bar{d}) = bd\bar{a}\bar{c}$$

且

$$(ad + bc)\bar{b}\bar{d} = a\bar{b}d\bar{d} + c\bar{d}b\bar{b} = \bar{a}bd\bar{d} + b\bar{b}\bar{c}d = bd(\bar{a}\bar{d} + \bar{b}\bar{c}),$$

因此, $\langle ac, bd \rangle \sim \langle \bar{a}\bar{c}, \bar{b}\bar{d} \rangle$且$\langle ad + bc, bd \rangle \sim \langle \bar{a}\bar{d} + \bar{b}\bar{c}, \bar{b}\bar{d} \rangle$.

定理1.1. 设R为整环, $R^* = R \setminus \{0\}$. 则

$$F = \left\{ \frac{a}{b} : a \in R \text{ 且 } b \in R^* \right\}$$

按(1.1)定义的加法与乘法形成域, 而且$\sigma : a \mapsto \frac{a}{1}$给出了环$R$到$F$的单同态.

证明: 考虑到 R 的加法与乘法满足交换律, 由(1.1)可看出, F 的加法与乘法也满足交换律.

对于 F 中三个元 $\frac{a}{b}, \frac{c}{d}, \frac{f}{g}$, 显然

$$\left(\frac{a}{b} + \frac{c}{d}\right) + \frac{f}{g} = \frac{ad + bc}{bd} + \frac{f}{g} = \frac{(ad + bc)g + bdf}{bdg}$$
$$= \frac{a(dg) + b(cg + df)}{b(dg)} = \frac{a}{b} + \frac{cg + df}{dg} = \frac{a}{b} + \left(\frac{c}{d} + \frac{f}{g}\right),$$

$$\left(\frac{a}{b} \cdot \frac{c}{d}\right) \cdot \frac{f}{g} = \frac{ac}{bd} \cdot \frac{f}{g} = \frac{acf}{bdg} = \frac{a}{b} \cdot \frac{cf}{dg} = \frac{a}{b} \cdot \left(\frac{c}{d} \cdot \frac{f}{g}\right),$$

而且

$$\left(\frac{a}{b} + \frac{c}{d}\right) \cdot \frac{f}{g} = \frac{ad + bc}{bd} \cdot \frac{f}{g} = \frac{(ad + bc)f}{bdg} = \frac{adf}{bdg} + \frac{bcf}{bdg} = \frac{a}{b} \cdot \frac{f}{g} + \frac{c}{d} \cdot \frac{f}{g}.$$

因此, F 的加法与乘法满足结合律, 而且乘法对加法具有分配律.

易见

$$0_F = \frac{0}{1} \quad \text{与} \quad 1_F = \frac{1}{1}$$

分别为 F 加法单位元(即零元)与乘法单位元. F 中元 $\frac{a}{b}$ 在 F 中的加法逆元为 $\frac{-a}{b}$, 因为

$$\frac{a}{b} + \frac{-a}{b} = \frac{a + (-a)}{b} = \frac{0}{b} = 0_F.$$

如果 $\frac{a}{b} \in F$ 且 $\frac{a}{b} \neq 0_F$, 则 $\frac{b}{a}$ 为 $\frac{a}{b}$ 的乘法逆元, 因为

$$\frac{a}{b} \cdot \frac{b}{a} = \frac{ab}{ba} = \frac{1}{1} = 1_F.$$

由上可见, F 依(1.1)定义的加法与乘法形成域.

对 $a \in R$ 让 $\sigma(a) = \frac{a}{1}$. 对于 $a, b \in R$, 显然

$$\sigma(a + b) = \frac{a + b}{1} = \frac{a}{1} + \frac{b}{1} = \sigma(a) + \sigma(b), \ \sigma(ab) = \frac{ab}{1} = \frac{a}{1} \cdot \frac{b}{1} = \sigma(a)\sigma(b),$$

而且

$$\sigma(a) = \sigma(b) \iff \frac{a}{1} = \frac{b}{1} \iff a \cdot 1 = 1 \cdot b \iff a = b.$$

因此 σ 是环 R 到域 F 的单同态.

至此, 定理1.1证毕.

对于整环 R, 定理1.1给出的 F 叫做 R 的 **商域**(quotient field). 由于 R 同构于 F 的子环 $\bar{R} = \{\frac{a}{1} : a \in F\}$, 我们可把 R 视为其商域 F 的子环, 这相当于把 F 中诸 $\frac{a}{1} \ (a \in R)$ 替换成 a, 并让 a 在 F 中起的作用与 $\frac{a}{1}$ 的完全相同.

例如: 整数环 $\mathbb{Z}$ 的商域就是大家熟悉的有理数域 $\mathbb{Q}$.

定理1.2. 设F为域.

(i) 对于n次多项式$f(x) \in F[x]$, 方程$f(x) = 0$在F中至多有n个不同的根.

(ii) 乘法群$F^* = F \setminus \{0\}$的有限子群都是循环的.

证明: 由于F是整环, 且F的单位群$U(F)$就是F^*, 引用第5章定理1.3~1.4即得定理1.2.

只含有限个元素的域叫**有限域** (finite field). 如果域F的基数是正整数q, 我们就称F为q元域. 依定理1.2(ii), q元域的乘法群必为$q-1$阶循环群. 由第4章第87页知, p为素数时$\mathbb{Z}/p\mathbb{Z}$是个p元域.

定理1.3. 设F为q元域, 则有等式

$$x^{q-1} - 1 = \prod_{a \in F^*} (x - a)$$

(其中$F^* = F \setminus \{0\}$), 从而

$$x^q - x = \prod_{a \in F} (x - a).$$

证明: 由于F^*是$q-1$阶群, 依第1章定理5.4知, $a \in F^*$时必有$a^{q-1} = 1$.
令

$$f(x) = x^{q-1} - 1 - \prod_{a \in F^*} (x - a),$$

则F^*中$q-1$个不同元素都是$f(x) = 0$在F上的根. 注意$f(x) \in F[x]$且$\deg f < q - 1$. 根据定理1.2(i), $f(x)$必为零多项式, 即有

$$x^{q-1} - 1 = \prod_{a \in F^*} (x - a).$$

两边乘以x得

$$x^q - x = \prod_{a \in F} (x - a).$$

【例1.1】设p为素数, 证明Wilson同余式$(p-1)! \equiv -1 \pmod{p}$.

证明: 我们利用p元域

$$\mathbb{Z}/p\mathbb{Z} = \{\bar{a} = a + p\mathbb{Z} : a \in \mathbb{Z}\} = \{\bar{0}, \bar{1}, \cdots, \overline{p-1}\}.$$

依定理1.3, 我们有恒等式

$$x^{p-1} - \bar{1} = \prod_{r=1}^{p-1}(x - \bar{r}).$$

比较两边常数项得$-\bar{1} = (-1)^{p-1}\prod_{r=1}^{p-1}\bar{r}$, 故

$$(p-1)! \equiv (-1)^p \equiv -1 \pmod{p}.$$

对于合数$n > 1$, 显然$(n-1)!$与n不互素, 从而$(n-1)! \not\equiv -1 \pmod{n}$.

设F为域, e为其单位元. 对于正整数n以及$a \in F^* = F \setminus \{0\}$, 显然

$$na = (ne)a = 0 \iff ne = 0.$$

故在F加法群中非零元的加法阶等于单位元的加法阶.

如果域F中单位元e的加法阶为无穷, 亦即诸

$$e,\ 2e = e + e,\ 3e = e + e + e,\ \cdots$$

都不是零, 则称域F的**特征**(characteristic)为0. 如果有正整数n使得$ne = 0$, 则称最小的这样的正整数n (即e的加法阶) 为域F的**特征**. 我们用$\mathrm{ch}(F)$表示域F的特征.

定理1.4. 设域F的特征不是零, 则$\mathrm{ch}(F)$为素数.

证明: 设$\mathrm{ch}(F)$是正整数n. 由于F的单位元e属于乘法群$F^* = F \setminus \{0\}$, 我们有$e \neq 0$, 从而$n > 1$.

假如n是两个大于1的整数k与m的乘积, 则

$$(ke)(me) = (km)e = ne = 0,$$

从而$ke = 0$或$me = 0$, 这与$\mathrm{ch}(F) = n$矛盾. 因此n是素数.

【例1.2】有理数域$\mathbb{Q}$, 实数域$\mathbb{R}$与复数域$\mathbb{C}$的特征都是0. 对于素数p, 域

$$\mathbb{Z}_p = \mathbb{Z}/p\mathbb{Z} = \{\bar{a} = a + p\mathbb{Z} : a \in \mathbb{Z}\}$$

的特征为p (因为$n\bar{1} = \bar{n}$等于$\bar{0}$当且仅当$p \mid n$).

设F为域, 且$\emptyset \neq E \subseteq F$. 如果$E$中元按$F$中的加法与乘法构成域, 则称$E$为$F$的**子域** (subfield), 记为$E \leqslant F$. 例如: $\mathbb{Q} \leqslant \mathbb{R} \leqslant \mathbb{C}$.

域 F 的非空子集 E 形成 F 的子域, 当且仅当 E 对加减法与乘法封闭而且 E 中非零元的乘法逆元仍属于 E.

易证诸 E_i $(i \in I)$ (其中 I 为非空集) 为域 F 的子域时, 它们的交 $\bigcap\limits_{i \in I} E_i$ 亦为 F 的子域.

定理1.5. 设 F 是特征为素数 p 的域, e 为其单位元. 则

$$E = \{me : m \in \mathbb{Z}\} = \{0, e, \cdots, (p-1)e\}$$

为域 F 的最小子域, 而且 E 同构于 p 元域 $\mathbb{Z}_p = \mathbb{Z}/p\mathbb{Z}$.

证明: 对于整数 $m \equiv r \pmod{p}$ (其中 $0 \leqslant r \leqslant p-1$), 显然 $me = re$. 对 $\bar{m} = m + p\mathbb{Z} \in \mathbb{Z}_p$ 让 $\sigma(\bar{m}) = me$, 则 σ 是环 $\mathbb{Z}_p$ 到环 E 的同构. 由于 $\mathbb{Z}_p$ 为域, 与它同构的 E 也是域. 因此 $E \leqslant F$. 显然 F 的任何子域都包含 E.

定理1.6. 设 F 是特征为素数 p 的域, 则对任何的 $m \in \mathbb{N}$ 与 $a_1, \cdots, a_n \in F$ 都有

$$(a_1 + \cdots + a_n)^{p^m} = a_1^{p^m} + \cdots + a_n^{p^m}.$$

证明: $k \in \{1, \cdots, p-1\}$ 时, p 整除 $k!\binom{p}{k}$ 但 $p \nmid k!$, 因而 $p \mid \binom{p}{k}$. 任给 $a, b \in F$, 我们有

$$(a+b)^p = a^p + \sum_{k=1}^{p-1} \binom{p}{k} a^k b^{p-k} + b^p = a^p + b^p,$$

从而也有

$$(a+b)^{p^2} = (a^p + b^p)^p = a^{p^2} + b^{p^2}, \cdots, (a+b)^{p^m} = a^{p^m} + b^{p^m}.$$

假如 $a_1, \cdots, a_n \in F$, 且已有

$$(a_1 + \cdots + a_{n-1})^{p^m} = a_1^{p^m} + \cdots + a_{n-1}^{p^m},$$

由上一段得

$$(a_1 + \cdots + a_{n-1} + a_n)^{p^m} = (a_1 + \cdots + a_{n-1})^{p^m} + a_n^{p^m} = a_1^{p^m} + \cdots + a_{n-1}^{p^m} + a_n^{p^m}.$$

定理1.6归纳证毕.

§6.2 域扩张的次数

大家在线性代数中学过数域上的向量空间的概念, 类似地可定义R-模(其中R为幺环)与任意域上的向量空间.

设R为幺环. 加法Abel群V为R-**模**(R-module)指对每个$a \in R$与$x \in V$有V中元$a \circ x$与之对应, "数乘" (scalar multiplication) $\circ$还满足下面三个条件:

(i) $\forall x \in V\ (1 \circ x = x)$, 其中1为域$R$的单位元;

(ii) 任给$a, b \in R$与$x \in V$, 有$(ab) \circ x = a \circ (b \circ x)$;

(iii) 任给$a, b \in R$与$x, y \in V$, 有

$$(a + b) \circ x = a \circ x + b \circ x \quad 与 \quad a \circ (x + y) = a \circ x + a \circ y.$$

如果幺环R是个域F,我们就把R-模叫做域F上**向量空间** (vector space) 或**线性空间** (linear space).

K是域L的子域时, 我们称L是K的**扩域**(extension field), 并用L/K表示相应的**域扩张** (field extension).

给了域扩张L/K, 对$a \in K$与$\alpha \in L$定义$a \circ \alpha = a\alpha$ (用L中乘法), 则L依此数乘形成域K上的向量空间. 我们用$[L : K]$表示这个向量空间的维数(要么是正整数, 要么是无穷), 并称它为域扩张L/K的**次数** (degree).

【**例2.1**】复数域$\mathbb{C} = \{a + bi : a, b \in \mathbb{R}\}$是实数域$\mathbb{R}$的二次扩域, $\{1, i\}$为域扩张$\mathbb{C}/\mathbb{R}$ (作为$\mathbb{R}$上向量空间) 的一组基底.

定理2.1. 设L/M与M/K都是域的有限次扩张, 则

$$[L : K] = [L : M][M : K].$$

证明: 设$[L : M] = m$且$\{\alpha_1, \cdots, \alpha_m\}$为$L/M$的一组基底, 又设$[M : K] = n$而且$\{\beta_1, \cdots, \beta_n\}$为$M/K$的一组基底.

任给$\alpha \in L$, 有$a_1, \cdots, a_m \in M$使得$\alpha = \sum\limits_{i=1}^{m} a_i \alpha_i$. 每个$a_i$ (作为M中元) 又可表示成$\sum\limits_{j=1}^{n} a_{ij}\beta_j$的形式, 这里$a_{ij} \in K$. 于是

$$\alpha = \sum_{i=1}^{m} \sum_{j=1}^{n} a_{ij} \alpha_i \beta_j.$$

可见

$$\{\alpha_i \beta_j : 1 \leqslant i \leqslant m,\ 1 \leqslant j \leqslant n\}$$

为域扩张L/K的一组生成系.

再证诸$\alpha_i\beta_j$ $(1 \leqslant i \leqslant m,\ 1 \leqslant j \leqslant n)$在$K$上线性无关. 假如

$$\sum_{i=1}^{m}\sum_{j=1}^{n}c_{ij}\alpha_i\beta_j = 0,\ \text{其中}\, c_{ij} \in K.$$

则$c_i = \sum_{j=1}^{n} c_{ij}\beta_j \in M$且$\sum_{i=1}^{m} c_i\alpha_i = 0$. 因$\{\alpha_1,\cdots,\alpha_m\}$为$L/M$的一组基底,$c_1 = \cdots = c_m = 0$. 又$\{\beta_1,\cdots,\beta_n\}$为$M/K$的一组基底, 由$c_i = 0$可得诸$c_{ij}$ $(1 \leqslant j \leqslant n)$都是0.

依上面推理, $\{\alpha_i\beta_j:\ 1 \leqslant i \leqslant m,\ 1 \leqslant j \leqslant n\}$确为域扩张$L/K$的一组基底. 因此$[L:K] = mn = [L:M][M:K]$. 定理2.1证毕.

设L/K是域扩张, $\emptyset \neq X \subseteq L$. **由$X$生成的$K$的扩环$K[X]$**指所有包含$K \cup X$的$L$的子环的交, 这是包含$K$与$X$的$L$的最小子环. **由$X$生成的$K$的扩域$K(X)$**指所有包含$K \cup X$的$L$的子域的交, 这是包含$K$与$X$的$L$的最小子域. 当$X = \{\alpha_1,\cdots,\alpha_n\}$时, $K[X]$常写成$K[\alpha_1,\cdots,\alpha_n]$, $K(X)$常写成$K(\alpha_1,\cdots,\alpha_n)$. $\alpha \in L$时$K(\alpha)/K$叫做**单扩张**.

设L/K为域扩张,$\alpha_1,\cdots,\alpha_n \in L$. 不难看出

$$K[\alpha_1,\cdots,\alpha_n] = \{P(\alpha_1,\cdots,\alpha_n):\ P(x_1,\cdots,x_n) \in K[x_1,\cdots,x_n]\},$$

而且$K(\alpha_1,\cdots,\alpha_n)$由诸

$$\frac{P(\alpha_1,\cdots,\alpha_n)}{Q(\alpha_1,\cdots,\alpha_n)}$$

构成,这里$P(x_1,\cdots,x_n), Q(x_1,\cdots,x_n) \in K[x_1,\cdots,x_n]$, 而且$Q(\alpha_1,\cdots,\alpha_n) \neq 0$.

设L/K为域扩张, $\alpha \in L$. 如果有非零的$f(x) \in K[x]$使得$f(\alpha) = 0$, 则称α为K上**代数元** (algebraic element), 否则称α为K上**超越元** (transcendental element).

有理数域$\mathbb{Q}$上代数元与超越元分别叫做**代数数**与**超越数**. 有理数都是代数数, 因为$r \in \mathbb{Q}$是$x - r \in \mathbb{Q}[x]$的零点.

例如:$\omega = \frac{-1+\sqrt{-3}}{2}$是方程$x^2 + x + 1 = 0$的根, 所以它是代数数.

分析中常数

$$\mathrm{e} = \lim_{n \to +\infty}\left(1 + \frac{1}{n}\right)^n = 2.71828\cdots$$

是超越数(C. Hermite, 1873), 圆周率π也是超越数(von Lindemann, 1882).

设L/K为域扩张, $\alpha \in L$为K上代数元. 显然

$$I = \{g(x) \in K[x]:\ g(\alpha) = 0\}$$

为多项式环$K[x]$的理想. 而$K[x]$为Euclid整环, 从而也是主理想整环, 故有唯一的首一多项式$f(x) \in K[x]$使得$I = (f(x))$ (由$f(x)$生成的主理想). $g(x) \in I$时$f(x) \mid g(x)$. 因

此$f(x)$是I中次数最低的首一多项式, 从而在K上不可约. 这个首一多项式$f(x) \in K[x]$叫做代数元α在K上的**极小多项式** (minimal polynomial), $\deg f(x) = n$时我们称α为K上**n次代数元**.

定理2.2. 设L/K为域的扩张, $\alpha \in L$为K上n次代数元, 则$K(\alpha) = K[\alpha]$, $[K(\alpha) : K] = n$, 且$\{1, \alpha, \cdots, \alpha^{n-1}\}$为域扩张$K(\alpha)/K$的一组基底.

证明: 设$f(x)$为α在K上的极小多项式. 若$g(x) \in K[x]$且$g(\alpha) \neq 0$, 则$f(x) \nmid g(x)$, 从而$f(x)$与$g(x)$的最大公因式为1(因为$f(x)$不可约), 于是有$u(x), v(x) \in K[x]$使得

$$u(x)f(x) + v(x)g(x) = 1,$$

因而$g(\alpha)^{-1} = v(\alpha)$. 由此可见

$$K(\alpha) = \{P(\alpha) : P(x) \in K[x]\} = K[\alpha].$$

写$f(x) = x^n + \sum_{i=1}^{n} a_i x^{n-i}$, 其中$a_i \in K$. 令

$$V = K + K\alpha + \cdots + K\alpha^{n-1} = \left\{ \sum_{i=0}^{n-1} c_i \alpha^i : c_i \in K \right\}.$$

由于$\alpha^n = -\sum_{i=1}^{n} a_i \alpha^{n-i}$, 诸$\alpha^n, \alpha^{n+1}, \alpha^{n+2}, \cdots$都属于$V$. 因此$K(\alpha) = K[\alpha] = V$.

假如$\sum_{i=0}^{n-1} c_i \alpha^i = 0$, 其中$c_i \in K$. 则$g(x) = \sum_{i=0}^{n-1} c_i x^i$以$\alpha$为零点, 从而$f(x) \mid g(x)$. 而$\deg g(x) < n = \deg f(x)$, 故$g(x)$为零多项式.

依上面论证, $\{\alpha^i : i = 0, \cdots, n-1\}$确为$K(\alpha)/K = V/K$的一组基底. 因此$[K(\alpha) : K] = n$.

定理2.3. 设L/K为域扩张, $\alpha \in L$为K上代数元且其在K上的极小多项式为$f(x)$, 则商环$K[x]/(f(x))$是与$K(\alpha)$同构的域.

证明: 对$g(x) \in K[x]$让$\sigma(g(x)) = g(\alpha)$, 则σ是环$K[x]$到环$K[\alpha]$的满同态, 其同态核为

$$\mathrm{Ker}(\sigma) = \{g(x) \in K[x] : g(\alpha) = 0\} = (f(x)).$$

应用环的同态基本定理得

$$K[x]/(f(x)) \cong K[\alpha] = K(\alpha).$$

由于$K(\alpha)$为域, $K[x]/(f(x))$也必是域.

定理2.4. 设K为域, $f(x)$是$K[x]$中首一的n次不可约多项式. 则存在K的n次扩域L, 使得有$\alpha \in L$以$f(x)$为其在K上的极小多项式, 从而$L = K(\alpha)$.

证明: 由于$K[x]$为主理想整环且$f(x)$是$K[x]$中不可约元, $(f(x))$为$K[x]$的极大理想, 故依第4章定理4.3知$F = K[x]/((f(x))$为域.

对$P(x) \in K[x]$, 让$\overline{P(x)}$表示$P(x)$模$f(x)$的剩余类

$$\{Q(x) \in K[x]: \ P(x) \equiv Q(x) \ (\text{mod } f(x))\}.$$

如果$\overline{P(x)} \neq \bar{0}$, 则$f(x) \nmid P(x)$, 从而$f(x)$与$P(x)$最大公因式为1, 于是存在$u(x), v(x) \in K[x]$使得$u(x)f(x)+v(x)P(x) = 1$, 从而$\overline{P(x)}$有逆元$\overline{v(x)}$. 这也说明了$F = K[x]/(f(x))$为域.

易见$a \mapsto \bar{a}$是K到$F = K[x]/((f(x)))$的单同态, 故有$K \cong \{\bar{a}: a \in K\} \leqslant F$.

把F中诸元$\bar{a} \ (a \in K)$用相应的$a \in K$代替所得集合记为L, 对于$a \in K$与次数大于0的多项式$P(x) \in K[x]$定义

$$a + \overline{P(x)} = \bar{a} + \overline{P(x)}, \ \ a \cdot \overline{P(x)} = \bar{a} \cdot \overline{P(x)},$$

则L成为K的同构于F的扩域.

在L中有$f(\bar{x}) = \overline{f(x)} = 0$, 故$L$中元$\alpha = \bar{x}$在$K$上的极小多项式为$f(x)$. 易见$L = K(\alpha)$. 应用定理2.2得$[L : K] = \deg f(x) = n$. 定理2.4证毕.

【例2.2】多项式$x^2 + 1$是$\mathbb{R}[x]$中不可约元, 复数域$\mathbb{C}$是实数域$\mathbb{R}$的二次扩域, 且虚数单位i在$\mathbb{R}$上的极小多项式为$x^2 + 1$. 数学家曾困惑于虚数单位i是哪里来的, 事实上

$$\mathbb{C} = \mathbb{R}(i) = \mathbb{R}[i] = \{a + bi: \ a, b \in \mathbb{R}\} \cong \mathbb{R}[x]/(x^2 + 1).$$

可把i理解为x模$x^2 + 1$的剩余类.

定理2.5. 设L/K为域扩张, 那么$[L : K]$有穷当且仅当存在有限个K上代数元$\alpha_1, \cdots, \alpha_n \in L$使得$K(\alpha_1, \cdots, \alpha_n) = L$.

证明: 假如$[L : K] < \infty$, $\{\alpha_1, \cdots, \alpha_n\}$为$L/K$的一组基底. 则

$$L = \left\{ \sum_{i=1}^{n} a_i \alpha_i : \ a_1, \cdots, a_n \in K \right\} \subseteq K(\alpha_1, \cdots, \alpha_n) \subseteq L,$$

从而$L = K(\alpha_1, \cdots, \alpha_n)$. 由于$[L : K] < \infty$, 诸$\alpha_1, \cdots, \alpha_n$都是$K$上代数元.

现在来证明另一方向. 假设$L = K(\alpha_1, \cdots, \alpha_n)$, 这里$\alpha_1, \cdots, \alpha_n$为$K$上代数元. 令

$$K_0 = K, \quad K_i = K(\alpha_1, \cdots, \alpha_i) \ (i = 1, \cdots, n),$$

则$1 \leqslant i \leqslant n$时$K_i = K_{i-1}(\alpha_i)$. 既然$\alpha_i$是$K$上代数元, 它也是$K_{i-1}$上代数元. 应用定理2.2知, $[K_i : K_{i-1}] < \infty$. 因此

$$[L : K] = [K_n : K_0] = \prod_{i=1}^{n} [K_i : K_{i-1}] < \infty.$$

综上, 定理2.5得证.

有理数域$\mathbb{Q}$的有限次扩域叫做**数域** (number field), 这是代数数论的主要研究对象.

【例2.3】求证$[\mathbb{Q}(\cos 20°) : \mathbb{Q}] = 3$.

证明: 令$\theta = 20°$, 则

$$4(\cos \theta)^3 - 3\cos \theta = \cos(3\theta) = \cos 60° = \sin 30° = \frac{1}{2}.$$

于是$x_0 = 2\cos \theta - 1$是方程

$$4\left(\frac{x+1}{2}\right)^3 - 3 \times \frac{x+1}{2} = \frac{1}{2}$$

的根, 亦即$x_0^3 + 3x_0^2 - 3 = 0$.

假如$x^3 + 3x^2 - 3$在$\mathbb{Q}[x]$中可约, 则方程$x^3 + 3x^2 - 3 = 0$有个有理数解a/b, 这里$a \in \mathbb{Z}$, $b \in \mathbb{Z}^+$, 且a与b互素. 于是

$$\left(\frac{a}{b}\right)^3 + 3\left(\frac{a}{b}\right)^2 - 3 = 0, \quad 即 \ a^3 + 3a^2b - 3b^3 = 0,$$

从而$b \mid a^3$. 而a与b互素, 必有$b = 1$与$a^3 + 3a^2 - 3 = 0$. 显然$a \neq 0, -1, -2$. 如果$a \geqslant 1$, 则$a^3 + 3a^2 - 3 \geqslant a^3 \geqslant 1 > 0$. 如果$a \leqslant -3$, 则

$$a^3 + 3a^2 - 3 = a^2(3 + a) - 3 \leqslant 0 - 3 < 0.$$

故得矛盾.

由上一段知$x^3 + 3x^2 - 3$在$\mathbb{Q}[x]$中不可约(这也可利用[2, 第42页]中的Eisenstein判别法得到), 于是它为$x_0 = 2\cos 20° - 1$ 在$\mathbb{Q}$ 上的极小多项式. 应用定理2.2知, $\mathbb{Q}(\cos 20°) = \mathbb{Q}(x_0)$是有理数域$\mathbb{Q}$的三次扩域.

在直角坐标系中, 直线的方程是一次的, 圆的方程是二次的. 假如使用圆规与(不带刻度的)直尺能作出点(α, β), 则必有域的有穷长扩张链

$$K_0 = \mathbb{Q} \leqslant K_1 \leqslant \cdots \leqslant K_n$$

使得$\alpha, \beta \in K_n$, 而且

$$[K_i : K_{i-1}] \leqslant 2 \ (i = 1, \cdots, n).$$

于是

$$[K_n : K_0] = \prod_{i=1}^{n} [K_i : K_{i-1}] \in \{2^k : k = 0, 1, 2, \cdots\},$$

而$K_0(\alpha), K_0(\beta) \leqslant K_n$, 故也有

$$[K_0(\alpha) : K_0], [K_0(\beta) : K_0] \in \{2^k : k = 0, 1, 2, \cdots\}.$$

由例2.3知$[\mathbb{Q}(\cos 20°) : \mathbb{Q}] = 3 \notin \{2^k : k \in \mathbb{N}\}$, 故使用圆规与直尺无法把60°角三等分. 这解决了古希腊遗留下来的著名难题: 能否用尺规作图把任意一个角三等分?

§6.3 域的代数扩张

设L/K为域扩张. 如果L中元都是K上的代数元, 就称L/K为**代数扩张**, 否则称L/K为**超越扩张**. 如果$[L : K]$有穷, 则L中没有K上的超越元, 从而L/K为代数扩张.

定理3.1. 设L/M与M/K都是域的代数扩张, 则L/K也是域的代数扩张.

证明: 任给$\alpha \in L$, 我们要证α为K上代数元.

由于L/M为代数扩张, α是M上代数元. 设α在M上的极小多项式为

$$f(x) = x^n + a_1 x^{n-1} + \cdots + a_{n-1} x + a_n,$$

其中$a_1, \cdots, a_n \in M$. 由于M/K为代数扩张, $a_1, \cdots, a_n$均为K上代数元. 根据定理2.5, $[K(a_1, \cdots, a_n) : K] < \infty$.

由于$f(x) \in K(a_1, \cdots, a_n)[x]$而且$f(\alpha) = 0$, α是$K(a_1, \cdots, a_n)$上代数元, 从而依定理2.2知

$$[K(a_1, \cdots, a_n, \alpha) : K(a_1, \cdots, a_n)] < \infty.$$

因此,

$$[K(a_1, \cdots, a_n, \alpha) : K] = [K(a_1, \cdots, a_n, \alpha) : K(a_1, \cdots, a_n)][K(a_1, \cdots, a_n) : K] < \infty.$$

而$\alpha \in K(a_1, \cdots, a_n, \alpha)$, 故$\alpha$为$K$上代数元.

引理3.1. 设L/K为域的扩张, 且$\alpha \in L$. 则α是K上代数元, 当且仅当有不全为零的$\alpha_1, \cdots, \alpha_n \in L$使得$\alpha V \subseteq V$, 这里

$$V = K\alpha_1 + \cdots + K\alpha_n = \left\{ \sum_{i=1}^{n} a_i \alpha_i : a_i \in K \right\}$$

且$\alpha V = \{\alpha v : v \in V\}$.

证明: 假如α为K上代数元, 其在K上的极小多项式为

$$f(x) = x^n + c_1 x^{n-1} + \cdots + c_{n-1}x + c_n \ (\text{其中} c_1, \cdots, c_n \in K).$$

令

$$V = \left\{ \sum_{i=0}^{n-1} a_i \alpha^i : a_i \in K \right\}.$$

由于

$$\alpha^n = -c_1 \alpha^{n-1} - \cdots - c_{n-1}\alpha - c_n \in V,$$

我们有$\alpha V \subseteq V$.

现在证明另一方向. 假设$\alpha_1, \cdots, \alpha_n \in L$不全为零, 再假定对

$$V = \left\{ \sum_{i=1}^{n} a_i \alpha_i : a_i \in K \right\}$$

有$\alpha V \subseteq V$. 对每个$i = 1, \cdots, n$, 因$\alpha \alpha_i \in V$可写$\alpha \alpha_i = \sum_{j=1}^{n} a_{ij}\alpha_j$, 其中$a_{ij} \in K$.

齐次线性方程组

$$\sum_{j=1}^{n} (\alpha \delta_{ij} - a_{ij})x_j = 0 \quad (i = 1, \cdots, n)$$

有解$(x_1, \cdots, x_n) = (\alpha_1, \cdots, \alpha_n)$. 由于$\alpha_1, \cdots, \alpha_n$不全为零, 依线性代数中的Cramer(克莱姆)法则(参见[2, 第87页])必有

$$|\alpha I_n - A| = 0,$$

这里I_n为n阶单位方阵, $A = (a_{ij})_{1 \leqslant i,j \leqslant n}$. 于是$\alpha$为$A$的特征多项式$|xI_n - A| \in K[x]$的零点, 从而$\alpha$为$K$上代数元.

综上, 引理3.1获证.

定理3.2. 设L/K为域的扩张, 则

$$\bar{K} = \{\alpha \in L : \alpha \text{为} K \text{上代数元}\}$$

为L的子域(这叫K在L中的代数闭包), 而且$\bar{\bar{K}} = \bar{K}$.

证明: 设$\alpha \in L$为K上代数元, 其在K上极小多项式为

$$f(x) = x^n + a_1 x^{n-1} + \cdots + a_{n-1}x + a_n.$$

如果$\alpha \neq 0$, 则$1 + \sum_{i=1}^{n} a_i(\alpha^{-1})^i = \alpha^{-n}f(\alpha) = 0$, 从而$\alpha^{-1}$为$K$上代数元.

假设$\beta \in L$也是K上代数元, 其在K上极小多项式是m次的. 令

$$V = \left\{ \sum_{i=0}^{n-1}\sum_{j=0}^{m-1} a_{ij}\alpha^i\beta^j : a_{ij} \in K \right\}.$$

由于

$$\begin{cases} \alpha^n \in K + K\alpha + \cdots + K\alpha^{n-1} \\ \beta^m \in K + K\beta + \cdots + K\beta^{m-1}, \end{cases}$$

我们有$\alpha V \subseteq V$与$\beta V \subseteq V$. 于是

$$(\alpha \pm \beta)V = \{\alpha v \pm \beta v : v \in V\} \subseteq V,$$

而且

$$(\alpha\beta)V = \alpha(\beta V) \subseteq \alpha V \subseteq V.$$

应用引理3.1我们得到$\alpha \pm \beta, \alpha\beta \in \bar{K}$.

由上面的推理, $\bar{K} \leqslant L$.

再证$\bar{\bar{K}} = \bar{K}$. 由于$\bar{\bar{K}}/\bar{K}$与$\bar{K}/K$都是域的代数扩张, 由定理3.1知$\bar{\bar{K}}/K$也是域的代数扩张, 从而$\bar{\bar{K}} \subseteq \bar{K}$. 因此$\bar{\bar{K}} = \bar{K}$.

至此, 定理3.2得证.

域F为**代数闭域** (algebraically closed field) 指在$F[x]$中任何非常数多项式都可分解成一次式的乘积.

定理3.3 (代数基本定理). 复数域$\mathbb{C}$为代数闭域.

此定理由Euler首先意识到, 但首个严格证明是Gauss在其1799年的博士论文中给出的. 它的任何证明本质上绕不开分析.

引理3.2. 任给非常数的$P(z) \in \mathbb{C}[z]$与正实数M, 必有$R > 0$使得对任何模大于R的复数z都有$|P(z)| > M$.

证明: 我们对$\deg P(z)$进行归纳.

假如$P(z)$次数为1, 则可写$P(z) = az + b$, 这里$a, b \in \mathbb{C}$且$a \neq 0$. 任给$M > 0$, 如果复数z的模大于$\frac{M+|b|}{|a|}$, 则

$$|P(z)| = |az + b| \geqslant |a| \cdot |z| - |b| > M.$$

现在让$\deg P(z)| = n > 1$, 并假设$\mathbb{C}[z]$中任何次数为$n-1$的多项式都有引理3.2中陈述的性质. 让$c = P(0)$, 则可写$P(z) = zp(z) + c$, 这里$p(z) \in \mathbb{C}[z]$次数为$n-1$. 任给$M > 0$, 依归纳假设有$R_0 > 0$使得对于模大于R_0的$z \in \mathbb{C}$有$|p(z)| > M + |c|$. 令$R = \max\{R_0, 1\}$, 则对任何模大于R的复数z都有

$$|P(z)| = |zp(z) + c| \geqslant |z| \cdot |p(z)| - |c| \geqslant |p(z)| - |c| > M.$$

至此, 我们归纳证明了引理3.2.

引理3.3. 任给正整数n与复数c, 方程$z^n = c$有复根.

证明: $c = 0$时, 结论是显然的.

现设$c = a + bi \neq 0$, 其中$a, b \in \mathbb{R}$. 取$0 \leqslant \theta < 2\pi$使得

$$\cos \theta = \frac{a}{\sqrt{a^2 + b^2}} \quad \text{且} \quad \sin \theta = \frac{b}{\sqrt{a^2 + b^2}},$$

并让

$$z = \sqrt[2n]{a^2 + b^2} \left(\cos \frac{\theta}{n} + i \sin \frac{\theta}{n} \right).$$

则

$$z^n = \sqrt{a^2 + b^2} \left(\cos \frac{\theta}{n} + i \sin \frac{\theta}{n} \right)^n = \sqrt{a^2 + b^2} \left(\cos \theta + i \sin \theta \right) = a + bi = c.$$

定理3.3的证明: 任给非常数多项式$P(z) \in \mathbb{C}[z]$, 可写

$$P(x + iy) = P_1(x, y) + iP_2(x, y),$$

这里$P_1(x, y), P_2(x, y) \in \mathbb{R}[x, y]$. 依引理3.2, 有$R > 0$使得对模大于$R$的复数$z$都有

$$|P(z)| \geqslant 1 + |P(0)|.$$

令

$$D = \{(x,y) \in \mathbb{R} \times \mathbb{R} : x^2 + y^2 \leqslant R^2\},$$

由数学分析知此闭圆盘上连续函数 $P_1(x,y)^2 + P_2(x,y)^2$ 可取到最小值(这类似于闭区间上连续函数可达到其最小值), 故有 $(x_0,y_0) \in D$ 使得对任何 $(x,y) \in D$ 都有

$$P_1(x_0,y_0)^2 + P_2(x_0,y_0)^2 \leqslant P_1(x,y)^2 + P_2(x,y)^2.$$

让 $z_0 = x_0 + iy_0$, 则

$$|z_0| = \sqrt{x_0^2 + y_0^2} \leqslant R.$$

如果 $z \in \mathbb{C}$ 且 $|z| \leqslant R$, 则有 $x,y \in D$ 使得 $z = x + yi$, 从而

$$|P(z)| = \sqrt{P_1(x,y)^2 + P_2(x,y)^2} \geqslant \sqrt{P_1(x_0,y_0)^2 + P_2(x_0,y_0)^2} = |P(z_0)|.$$

如果 $z \in \mathbb{C}$ 且 $|z| > R$, 则

$$|P(z)| \geqslant 1 + |P(0)| > |P(0)| \geqslant |P(z_0)|.$$

因此, 对任何复数 z 都有 $|P(z)| \geqslant |P(z_0)|$.

令 $p(t) = P(t + z_0)$, 则 $|p(t)|$ 在 $t = 0$ 时取到最小值. 我们断言 $p(0) = P(z_0) = 0$. 假如不然, 则可写 $p(t) = t^k q(t) + c$, 这里 $c \in \mathbb{C} \setminus \{0\}$, $k \in \mathbb{Z}^+$, $q(t) \in \mathbb{C}[t]$ 且 $q(0) \neq 0$. 依引理3.3, 有复数 λ 使得 $\lambda^k = -\frac{c}{q(0)}$. 注意 $\lambda \neq 0$. 写 $q(t) = \sum_{j=0}^{m} a_j t^j$, 其中 $a_j \in \mathbb{C}$. 当 $|t| \leqslant 1$ 时,

$$|q(\lambda t) - q(0)| = \left| \sum_{j=1}^{m} a_j (\lambda t)^j \right| \leqslant |t| \sum_{j=1}^{m} |a_j \lambda^j|.$$

因此, 有足够小的正数 $t < 1$ 使得

$$|q(\lambda t) - q(0)| < |q(0)|.$$

于是

$$\begin{aligned}
|p(\lambda t)| &= |(\lambda t)^k q(\lambda t) + c| \\
&\leqslant |(\lambda t)^k q(0) + c| + |(\lambda t)^k (q(\lambda t) - q(0))| = |-ct^k + c| + t^k |\lambda^k (q(\lambda t) - q(0))| \\
&< (1 - t^k)|c| + t^k |\lambda^k q(0)| = (1 - t^k)|c| + t^k |c| = |c| = |p(0)|,
\end{aligned}$$

这便产生了矛盾.

依上面推理, 任给非常数多项式 $P(z) \in \mathbb{C}[z]$, 有 $z_0 \in \mathbb{C}$ 使得 $P(z_0) = 0$, 从而有 $n-1$ 次的 $f(z) \in \mathbb{C}[z]$ 使得 $P(z) = (z - z_0)f(z)$. 由此归纳可知, 任何非常数的 $P(x) \in \mathbb{C}[x]$ 可在 $\mathbb{C}[z]$ 中完全分解成一次式的乘积. 因此, 复数域 $\mathbb{C}$ 为代数闭域.

根据定理 3.2, 全体代数数构成的 $\bar{\mathbb{Q}}$ 也是代数闭域. 德国数学家 E. Steinitz (1871–1928) 证明了任何域 F 都有个扩域为代数闭域.

回忆一下, 复数 α 为代数整数指有首一多项式 $f(x) \in \mathbb{Z}[x]$ 使得 $f(\alpha) = 0$.

下述引理类似于引理 3.1.

引理 3.4. 复数 α 为代数整数, 当且仅当有不全为零的 $\alpha_1, \cdots, \alpha_n \in \mathbb{C}$ 使得 $\alpha W \subseteq W$, 这里

$$W = \mathbb{Z}\alpha_1 + \cdots + \mathbb{Z}\alpha_n = \left\{ \sum_{i=1}^{n} a_i \alpha_i : a_i \in \mathbb{Z} \right\}$$

且 $\alpha W = \{ \alpha w : w \in W \}$.

仿照引理 3.1 的证明不难证出引理 3.4.

定理 3.4. 集合

$$\bar{\mathbb{Z}} = \{ \alpha \in \mathbb{C} : \alpha \text{ 为代数整数} \}$$

按照复数的加法与乘法形成环.

证明: 设 α 与 β 为代数整数, 它们分别是首一整系数多项式

$$f(x) = x^n + a_1 x^{n-1} + \cdots + a_{n-1}x + a_n \text{ 与 } g(x) = x^m + b_1 x^{m-1} + \cdots + b_{m-1}x + b_m$$

的零点. 令

$$W = \sum_{\substack{0 \leqslant i \leqslant n-1 \\ 0 \leqslant j \leqslant m-1}} \mathbb{Z}\alpha^i \beta^j = \left\{ \sum_{i=0}^{n-1} \sum_{j=0}^{m-1} a_{ij} \alpha^i \beta^j : a_{ij} \in \mathbb{Z} \right\}.$$

由于

$$\begin{cases} \alpha^n \in \mathbb{Z} + \mathbb{Z}\alpha + \cdots + \mathbb{Z}\alpha^{n-1} \\ \beta^m \in \mathbb{Z} + \mathbb{Z}\beta + \cdots + \mathbb{Z}\beta^{m-1}, \end{cases}$$

我们有 $\alpha W \subseteq W$ 与 $\beta W \subseteq W$. 于是

$$(\alpha \pm \beta)W = \{ \alpha w \pm \beta w : w \in W \} \subseteq W,$$

而且

$$(\alpha\beta)W = \alpha(\beta W) \subseteq \alpha W \subseteq W.$$

应用引理3.4知, $\alpha \pm \beta$ 与 $\alpha\beta$ 都是代数整数.

综上, 全体代数整数形成环. 证毕.

定理3.5. 有理的代数整数等同于普通整数, 亦即

$$\mathbb{Q} \cap \bar{\mathbb{Z}} = \mathbb{Z}. \tag{3.1}$$

证明: 显然 $m \in \mathbb{Z}$ 是 $x - m \in \mathbb{Z}[x]$ 的零点, 故 $\mathbb{Z} \subseteq \mathbb{Q} \cap \bar{\mathbb{Z}}$.

假设有理数 $r = a/b$ (其中 $a \in \mathbb{Z}$, $b \in \mathbb{Z}^+$ 且 a 与 b 互素) 是代数整数, 则有首一整系数多项式

$$f(x) = x^n + c_1 x^{n-1} + \cdots + c_{n-1} x + c_n$$

使得 $f(\alpha) = 0$. 于是

$$0 = b^n f\left(\frac{a}{b}\right) = a^n + c_1 a^{n-1} b + \cdots + c_{n-1} a b^{n-1} + c_n b^n,$$

从而 $b \mid a^n$. 而 b 与 a^n 互素, 故得 $b = (b, a^n) = 1$, 从而 $r \in \mathbb{Z}$.

综上, 我们得到等式(3.1).

§6.4 有限域

任给素数 p, 我们知道 $\mathbb{Z}_p = \mathbb{Z}/p\mathbb{Z}$ 是个 p 元域(参见第4章第87页).

定理4.1. 设 F 为有限域, 则 $|F|$ 为素数幂次.

证明: 设 e 为域 F 的单位元. 如果 $\mathrm{ch}(F) = 0$, 则 $e, 2e, 3e, \cdots$ 两两不同, 这与 $|F|$ 有穷矛盾. 因此 $\mathrm{ch}(F)$ 是个素数 p.

由本章定理1.5, $E = \{e, \cdots, (p-1)e\}$ 是同构于 $\mathbb{Z}_p$ 的 p 元域. 由于 $|F| < \infty$, $[F : E]$ 是一个正整数 n. 设 $\{\alpha_1, \cdots, \alpha_n\}$ 是域扩张 F/E 的一组基底, 则

$$|F| = |\{a_1 \alpha_1 + \cdots + a_n \alpha_n : a_1, \cdots, a_n \in E\}| = |E|^n = p^n.$$

设 F 为域. 对于 $P(x) = \sum_{i=0}^{k} a_i x^i \in F[x]$, 我们定义其**形式导数**(formal derivative)为

$$P'(x) = \sum_{0 < i \leqslant k} i a_i x^{i-1}.$$

注意 ia_i 表示 a_i 自加 i 次. 如果 $Q(x) = \sum_{j=0}^{m} b_j x^j$ 也属于 $F[x]$, 则

$$(P(x)Q(x))' = \sum_{i=0}^{k} \sum_{j=0}^{m} (a_i b_j x^{i+j})' = \sum_{\substack{0 \leqslant i \leqslant k \\ 0 \leqslant j \leqslant m \\ i+j>0}} (i+j) a_i b_j x^{i+j-1}$$

$$= \sum_{0<i\leqslant k} i a_i x^{i-1} \sum_{j=0}^{m} b_j x^j + \sum_{i=0}^{k} a_i x^i \sum_{0<j\leqslant m} j b_j x^{j-1}$$

$$= P'(x)Q(x) + P(x)Q'(x).$$

特别地,

$$(P(x)^2)' = 2P(x)P'(x).$$

引理4.1. 设 F 为 q 元域, 正整数 n 被 q 整除, 则没有非常数多项式 $f(x) \in F[x]$ 使得 $f(x)^2$ 整除 $x^n - x$.

证明: 假如 $x^n - x = f(x)^2 g(x)$, 这里 $f(x), g(x) \in F[x]$ 且 $\deg f(x) > 0$. 两边求形式导数得

$$ne - e = f(x)^2 g'(x) + (f(x)^2)' g(x) = f(x)^2 g'(x) + 2f(x)f'(x)g(x), \quad (4.1)$$

这里 e 为 F 的单位元. 由于 F 为 q 阶加法群, 我们有 $qe = 0$, 从而 $ne = 0$. 依(4.1)有 $f(x) \mid e$, 这与 $\deg f(x) > 0$ 矛盾.

定理4.2. 设 F 为 q 元域, n 为正整数, 则 $x^{q^n} - x$ 是 $F[x]$ 中次数整除 n 的所有首一不可约多项式的乘积.

证明: 根据第5章例3.2, $F[x]$ 中多项式

$$P(x) = x^{q^n} - x$$

可表示成 $F[x]$ 中一些首一不可约多项式的乘积. 依引理4.1, 没有不可约多项式 $p(x) \in F[x]$ 使得 $p(x)^2 \mid P(x)$. 因此 $P(x)$ 是 $F[x]$ 中一些不同的首一不可约多项式之积.

任给 $E[x]$ 中 d 次首一不可约多项式 $p(x)$, 我们只需再证 $p(x) \mid P(x)$ 当且仅当 $d \mid n$.

依本章定理2.4, F 有 d 次扩域 $F_d = F(\alpha)$ 使得 α 在 F 上极小多项式恰为 $p(x)$. 由于 $\alpha \in F_d$ 且 $|F_d| = |F|^d = q^d$, 依定理1.3有 $\alpha^{q^d} = \alpha$. 而 $p(x)$ 为 α 在 F 上的极小多项式, 因此在 $F[x]$ 中 $p(x)$ 整除 $x^{q^d} - x$.

写$n = cd + r$, 这里$c \in \mathbb{Z}$且$r \in \{0, \cdots, d-1\}$. 由于$q^n = (q^d)^c q^r \equiv q^r \pmod{q^d - 1}$, 我们有

$$q^d - 1 \mid q^n - 1 \iff q^d - 1 \mid q^r - 1 \iff r = 0 \iff d \mid n.$$

当$d \mid n$时, $x^{p^d} - x = x(x^{p^d-1} - 1)$整除$x(x^{p^n-1} - 1) = P(x)$, 从而$p(x) \mid P(x)$.

F的单位元的加法阶(即$\mathrm{ch}(F)$)应整除$|F| = q$, 而q为素数幂次(依定理4.1), 故q是素数$\mathrm{ch}(F)$的幂次.

由于$\{\alpha^i : i = 0, \cdots, d-1\}$为域扩张$F_d/F$的一组基底, F_d中元都形如$\sum\limits_{i=0}^{d-1} a_i \alpha^i$, 这里$a_0, \cdots, a_{d-1} \in F$. 应用定理1.6知

$$\left(\sum_{i=0}^{d-1} a_i \alpha^i \right)^{q^n} = \sum_{i=0}^{d-1} a_i^{q^n} (\alpha^{q^n})^i.$$

由于a_i属于q元域F, 依定理1.3知$a_i^q = a_i$, 从而$a_i^{q^n} = a_i$.

假如在$F[x]$中有$p(x) \mid P(x)$, 则因$p(\alpha) = 0$有$\alpha^{q^n} = \alpha$, 从而$a_0, \cdots, a_{d-1} \in F$时

$$\left(\sum_{i=0}^{d-1} a_i \alpha^i \right)^{q^n} = \sum_{i=0}^{d-1} a_i \alpha^i.$$

于是F_d中元都是多项式$x^{q^n} - x = x(x^{q^n-1} - 1)$的零点.

回忆一下, $n = cd + r$且$q^n \equiv q^r \pmod{q^d - 1}$. 故可写$q^n - 1 = (q^d - 1)m + q^r - 1$, 这里$m \in \mathbb{N}$. F_d中非零元既是方程$x^{q^d-1} = 1$的根, 也是方程$x^{q^n-1} = 1$的根, 从而为方程$x^{q^r-1} = 1$的根. 由于F_d中非零元个数$q^d - 1$大于$q^r - 1$, 依定理1.2(i)必有$q^r - 1 = 0$. 于是$r = 0$, 即$d \mid n$.

至此, 定理4.2证毕.

定理4.3. 设F为q元域, 对任意正整数n存在$F[x]$中的首一n次不可约多项式.

证明: 对每个正整数n, 我们用N_n表示$F[x]$中首一n次不可约多项式的个数.

任给正整数n, 依定理4.2,

$$x^{q^n} - x = \prod_{d \mid n} \prod_{\substack{p(x) \in F[x] \\ \deg p(x) = d}} p(x),$$

其中$p(x)$是$F[x]$中首一不可约多项式. 比较两边次数知

$$q^n = \sum_{d \mid n} d N_d \geqslant n N_n.$$

由此得 $N_n > 0$, 因为

$$\sum_{\substack{d|n \\ d<n}} d N_d \leqslant \sum_{d=0}^{n-1} q^d = \frac{q^n - 1}{q - 1} < q^n.$$

故 $F[x]$ 中的确存在首一的 n 次不可约多项式.

定理4.4. 设 p 为素数且 n 为正整数. 则存在 p^n 元域, 而且任意两个 p^n 元域同构.

证明: $\mathbb{Z}_p = \mathbb{Z}/p\mathbb{Z}$ 是 p 元域. 根据定理4.3, $\mathbb{Z}_p[x]$ 中有首一的 n 次不可约多项式

$$P(x) = \sum_{i=0}^{n} (a_i + p\mathbb{Z}) x^i,$$

其中诸 a_i 为整数. 由定理2.4及其证明知, $\mathbb{Z}_p$ 有个 n 次扩域 $F \cong \mathbb{Z}_p[x]/(P(x))$, 注意 $|F| = |\mathbb{Z}_p|^n = p^n$.

假设 $\tilde{F}$ 也是 p^n 元域, E 是 F 的单位元 e 生成的子域, $\tilde{E}$ 是 $\tilde{F}$ 的单位元 $\tilde{e}$ 生成的子域. 由于

$$|E|^{[F:E]} = |F| = p^n = |\tilde{F}| = |\tilde{E}|^{[\tilde{F}:\tilde{E}]},$$

必有

$$\operatorname{ch}(F) = |E| = p,\ \operatorname{ch}(\bar{F}) = |\bar{E}| = p,\ \text{且}\ [F:E] = [\bar{F}:\bar{E}] = n.$$

由于 $P(x)$ 是 $\mathbb{Z}_p[x]$ 中 n 次不可约多项式且 $E \cong \mathbb{Z}_p \cong \tilde{E}$, $f(x) = \sum_{i=0}^{n} (a_i e) x^i$ 是 $E[x]$ 中 n 次不可约多项式, 且 $\tilde{f}(x) = \sum_{i=0}^{n} (a_i \tilde{e}) x^i$ 是 $\tilde{E}[x]$ 中 n 次不可约多项式. 依定理4.2或第5章例3.2, 在 $\tilde{E}[x]$ 中 $\tilde{f}(x)$ 整除 $x^{p^n} - x$. 而依定理1.3,

$$x^{p^n} - x = \prod_{\tilde{\alpha} \in \tilde{F}} (x - \tilde{\alpha}).$$

故有 $\tilde{\gamma} \in \tilde{F}$ 使得 $\tilde{f}(\tilde{\gamma}) = \tilde{0}$, 这里 $\tilde{0}$ 为 $\tilde{F}$ 的零元(不然诸 $\tilde{\alpha} \in \tilde{F}$ 都是 $\frac{x^{p^n}-x}{\tilde{f}(x)} \in \tilde{E}[x]$ 的零点, 这与定理1.2(i)矛盾). 既然 $\tilde{\gamma}$ 是 $\tilde{E}$ 上的 n 次代数元, 我们就有

$$|\tilde{E}(\tilde{\gamma})| = |\tilde{E}|^n = p^n = |\tilde{F}|,$$

从而

$$\tilde{F} = \tilde{E}(\tilde{\gamma}) \cong \tilde{E}[x]/(\tilde{f}(x)) \cong E[x]/(f(x)) \cong \mathbb{Z}_p[x]/(P(x)) \cong F.$$

至此, 定理4.4得证.

设$q > 1$为素数幂次, 由定理4.4知在同构意义下q元域唯一, 常记成$\mathbb{F}_q$或$GF(q)$, 称为Galois域.

【例4.1】构造一个4元域.

解: 让$\mathbb{F}_2 = \{0, 1\}$为2元域(同构于$\mathbb{Z}/2\mathbb{Z}$). 依定理4.2, 在$\mathbb{F}_2[x]$中$x^{2^2} - x$的分解式里含有二次不可约多项式. 易见

$$x^{2^2} - x = x(x^3 - 1) = x(x - 1)(x^2 + x + 1),$$

$x^2 + x + 1$为$\mathbb{F}_2$上不可约多项式(注意$\mathbb{F}_2[x]$中$x^2 + 1 = x^2 - 1$可约).

对$P(x) \in \mathbb{F}_2[x]$, 让$\overline{P(x)}$表示$P(x)$模$x^2 + x + 1$的剩余类. 依本章6.2节,

$$\begin{aligned}
\mathbb{F}_2[x]/(x^2 + x + 1) &= \{\overline{r(x)} : r(x) \in \mathbb{F}_2[x] \text{ 且 } \deg r(x) < 2\} \\
&= \{\overline{a + bx} : a, b \in \mathbb{F}_2\} = \{\bar{0}, \bar{1}, \bar{x}, \overline{x+1}\}
\end{aligned}$$

是个4元域. 在此域中

$$\bar{x} + \overline{x + 1} = \overline{2x + 1} = \bar{1},$$
$$\bar{x} \cdot \overline{x + 1} = \overline{x^2 + x} = \overline{-1} = \bar{1}.$$

有限域在数论、组合数学、有限几何、编码理论等许多领域有广泛的应用. 下面介绍一条很有用的定理.

定理4.5 (Chevalley-Warning定理). 设$q = p^n$, 其中p为素数且n为正整数. 假设$\mathbb{F}_q$上多项式方程组

$$\begin{cases}
f_1(x_1, \cdots, x_n) = 0 \\
\cdots\cdots \\
f_m(x_1, \cdots, x_n) = 0
\end{cases} \tag{4.2}$$

在$\mathbb{F}_q^n$上的解集为V. 如果$\sum\limits_{i=1}^{m} \deg f_i < n$, 则$|V| \equiv 0 \pmod{p}$.

证明: 依定理1.2乘法群$\mathbb{F}_q^* = \mathbb{F}_q \setminus \{0\}$是$q - 1$阶循环群, 设$g$是它的一个生成元. 由于$\mathrm{ch}(\mathbb{F}_q) = p$, 我们有

$$\sum_{x \in \mathbb{F}_q} x^0 = q1 = 0.$$

任给正整数k,

$$g^k \sum_{x \in \mathbb{F}_q} x^k = \sum_{x \in \mathbb{F}_q} (gx)^k = \sum_{y \in \mathbb{F}_q} y^k,$$

从而

$$(g^k - 1) \sum_{x \in \mathbb{F}_q} x^k = 0.$$

如果$q-1$不整除k, 则$g^k \neq 1$, 从而$\sum\limits_{x \in \mathbb{F}_q} x^k = 0$.

由上一段, 我们有

$$\sum_{x \in \mathbb{F}_q} x^k = 0 \quad (k = 0, \cdots, q-2). \tag{4.3}$$

对于$(x_1, \cdots, x_n) \in \mathbb{F}_q^n$, 显然

$$\prod_{i=1}^{m} (1 - f_i(x_1, \cdots, x_n)^{q-1}) = \begin{cases} 1 & \text{如果(4.2)成立,} \\ 0 & \text{此外.} \end{cases}$$

于是

$$\sum_{x_1, \cdots, x_n \in \mathbb{F}_q} \prod_{i=1}^{m} (1 - f_i(x_1, \cdots, x_n)^{q-1}) = |V|1. \tag{4.4}$$

假设$\sum\limits_{i=1}^{m} \deg f_i < n$, 则可写

$$\prod_{i=1}^{m} (1 - f_i(x_1, \cdots, x_n)^{q-1}) = \sum_{\substack{j_1, \cdots, j_n \in \mathbb{N} \\ j_1 + \cdots + j_n < n(q-1)}} a_{j_1, \cdots, j_n} x_1^{j_1} \cdots x_n^{j_n},$$

其中$a_{j_1, \cdots, j_n} \in \mathbb{F}_q$. 于是

$$\sum_{x_1, \cdots, x_m \in \mathbb{F}_q} \prod_{i=1}^{m} (1 - f_i(x_1, \cdots, x_n)^{q-1})$$

$$= \sum_{\substack{j_1, \cdots, j_n \in \mathbb{N} \\ j_1 + \cdots + j_n < n(q-1)}} a_{j_1, \cdots, j_n} \sum_{x_1, \cdots, x_n \in \mathbb{F}_q} x_1^{j_1} \cdots x_n^{j_n}$$

$$= \sum_{\substack{j_1, \cdots, j_n \in \mathbb{N} \\ j_1 + \cdots + j_n < n(q-1)}} a_{j_1, \cdots, j_n} \prod_{k=1}^{n} \sum_{x_k \in \mathbb{F}_q} x_k^{j_k}.$$

当$j_1, \cdots, j_n \in \mathbb{N}$满足$j_1 + \cdots + j_n < n(q-1)$时, 必有$1 \leqslant k \leqslant n$使得$j_k < q-1$, 从而利用(4.3)得

$$\sum_{x_k \in \mathbb{F}_q} x_k^{j_k} = 0.$$

因此

$$\sum_{x_1,\cdots,x_m \in \mathbb{F}_q} \prod_{i=1}^{m}(1 - f_i(x_1,\cdots,x_n)^{q-1}) = 0.$$

将此式与(4.4)相结合得$|V|1 = 0$. 而$\mathrm{ch}(\mathbb{F}_q) = p$, 故有$|V| \equiv 0 \pmod{p}$. 定理4.5证毕.

如果R为环且$R \setminus \{0\}$依R中乘法形成群(未必是交换群), 则称R为**体**(skew field)或**除环** (division ring). 例如: 全体Hamilton四元数构成体.

英国数学家J. H. M. Wedderburn (1882–1948) 证明了下述重要结果:

定理4.6 (Wedderburn定理). 有穷体只有有限域.

§6.5 域的正规扩张与可分扩张

设K为域, $f(x) \in K[x]$. 如果对K的扩域L多项式$f(x)$在$L[x]$中可分解成一次式的乘积, 但L换成它的任何包含K的真子域时就没有这样的性质, 则称L为$f(x)$在K上的**分裂域** (splitting field), 此时$f(x) = 0$的所有根$\alpha_1,\cdots,\alpha_n$属于L且$K(\alpha_1,\cdots,\alpha_n) = L$.

定理5.1. 设K为域, 则任何非常数多项式$f(x) \in K[x]$在K上的分裂域存在.

证明: 设$\deg f(x) = n$, 不妨设$f(x)$是首一的. 在$K[x]$中可把$f(x)$分解成首一不可约多项式的乘积, 设$p_1(x) \in K[x]$是$f(x)$的首一不可约因子. 依定理2.4, 有K的扩域$K_1 = K(\alpha_1)$使得α_1在K上极小多项式恰为$p_1(x)$.

在$K_1[x]$中写$f(x) = (x - \alpha_1)f_1(x)$. 如果$f_1(x)$在$K_1[x]$中仍有首一不可约因子$p_2(x)$, 则有$K_1$的扩域$K_2 = K_1(\alpha_2)$, 使得$\alpha_2$在$K_1 = K(\alpha_1)$上极小多项式恰为$p_2(x)$. 注意$K_2 = K(\alpha_1,\alpha_2)$. 依此法继续做下去, 最后得到$f(x)$的完全分解式

$$f(x) = (x - \alpha_1)\cdots(x - \alpha_n).$$

域$L = K(\alpha_1,\cdots,\alpha_n)$就是$f(x)$在$K$上的分裂域.

设L/K是代数扩张. 如果任何$\alpha \in L$在K上的极小多项式都可在$L[x]$中分解成一次式的乘积(等价地, 对于任何不可约的$f(x) \in K[x]$, 只要$f(x)$在L中有一个零点, 它的(在分裂域中)全部零点就都属于L), 则称L/K为域的**正规扩张** (normal extension).

定理5.2. 设L/K为域的扩张, 则L/K是有限正规扩张当且仅当L是某个非常数多项式$f(x) \in K[x]$在K上的分裂域.

证明：假设 L/K 是有限正规扩张, $\{\alpha_1, \cdots, \alpha_n\}$ 为 L/K 的一组基底, $\alpha_i\,(1 \leqslant i \leqslant n)$ 的极小多项式为

$$f_i(x) = (x - \alpha_{i1}) \cdots (x - \alpha_{ik_i}) \quad (\text{其中} \alpha_{i1}, \cdots, \alpha_{ik_i} \in L).$$

显然多项式 $f(x) = \prod\limits_{i=1}^{n} f_i(x)$ 可分解成 $L[x]$ 中一次式的乘积. 由于

$$\alpha_i \in \{\alpha_{i1}, \cdots, \alpha_{ik_i}\} \quad (i = 1, \cdots, n),$$

我们有

$$L = K(\alpha_1, \cdots, \alpha_n) \subseteq K(\{\alpha_{ij} : 1 \leqslant i \leqslant n, \ 1 \leqslant j \leqslant k_i\}) \subseteq L,$$

从而 L 正是非常数多项式 $f(x)$ 在 K 上的分裂域 $K(\{\alpha_{ij} : 1 \leqslant i \leqslant n, \ 1 \leqslant j \leqslant k_i\})$.

现在假设 L 是 K 上某个非常数多项式 $f(x) \in K[x]$ 的分裂域, 不妨设 $f(x)$ 是首一 n 次多项式. 于是有 $\alpha_1, \cdots, \alpha_n \in L$ 使得

$$f(x) = \prod_{i=1}^{n} (x - \alpha_i) \ \text{且} \ K(\alpha_1, \cdots, \alpha_n) = L.$$

由于 $\alpha_1, \cdots, \alpha_n$ 为 K 上代数元, 依定理2.5知 $[L : K] < \infty$. 注意

$$f(x) = x^n + \sum_{k=1}^{n} (-1)^k \sigma_k x^{n-k}, \ \text{其中} \ \sigma_k = \sum_{1 \leqslant i_1 < \cdots < i_k \leqslant n} \alpha_{i_1} \cdots \alpha_{i_k} \in K.$$

根据定理2.2, 我们也有

$$L = K(\alpha_1, \cdots, \alpha_n) = K(\alpha_1, \cdots, \alpha_{n-1})[\alpha_n] = \cdots = K[\alpha_1, \cdots, \alpha_n].$$

假设 $g(x) \in K[x]$ 首一不可约, 且在 L 中有零点 β. 由于 $\beta \in L = K[\alpha_1, \cdots, \alpha_n]$, 我们可把 β 表示成有限和

$$\sum_{i_1, \cdots, i_n \in \mathbb{N}} a_{i_1, \cdots, i_n} \alpha_1^{i_1} \cdots \alpha_n^{i_n} \quad (\text{其中} a_{i_1, \cdots, i_n} \in K).$$

对 $\tau \in S_n$ 让

$$\bar{\tau}(\beta) = \sum_{i_1, \cdots, i_n \in \mathbb{N}} a_{i_1, \cdots, i_n} \alpha_{\tau(1)}^{i_1} \cdots \alpha_{\tau(n)}^{i_n} \in L,$$

则多项式

$$h(x) = \prod_{\tau \in S_n} (x - \bar{\tau}(\beta))$$

可表示成

$$x^{n!} + \sum_{k=1}^{n!} P_k(\alpha_1, \cdots, \alpha_n) x^{n-k},$$

这里$P_i(x_1, \cdots, x_n) \in K[x_1, \cdots, x_n]$关于$x_1, \cdots, x_n$对称. 依第5章定理1.4,

$$P_k(\alpha_1, \cdots, \alpha_n) \in K[\sigma_1, \cdots, \sigma_n] = K \quad (k = 1, \cdots, n!).$$

因此$h(x) \in K[x]$. 由于$g(x)$是β在K上的极小多项式而且$h(\beta) = 0$, 在$K[x]$中我们有$g(x) \mid h(x)$. 于是有首一的$q[x] \in K[x]$使得$g(x)q(x) = h(x)$. 在$L[x]$中把$g(x)$与$q(x)$都分解成首一不可约多项式的乘积, 把它们乘在一起得到的就是$g(x)q(x) = h(x)$的分解式. 而$h(x)$的不可约因子都是一次式, 故$g(x)$在$L[x]$中不可约因子也都是一次式, 从而$g(x)$是$L[x]$中一些一次式的乘积. 这就证明了L/K是正规扩张.

综上, 定理5.2得证.

【例5.1】(i) $x^2 - 2$在有理数域$\mathbb{Q}$上的分裂域

$$\mathbb{Q}(\sqrt{2}) = \mathbb{Q}[\sqrt{2}] = \{a + b\sqrt{2} : a, b \in \mathbb{Q}\}$$

是$\mathbb{Q}$的正规扩域, 多项式$(x^2 - 2)(x^2 + 3)$在$\mathbb{Q}$上的分裂域$\mathbb{Q}(\sqrt{2}, \sqrt{3}\,i)$也是$\mathbb{Q}$的正规扩域.

(ii) $\mathbb{Q}(\sqrt[3]{2})$不是$\mathbb{Q}$的正规扩域, 因为$\sqrt[3]{2}$ 在$\mathbb{Q}$上极小多项式为

$$x^3 - 2 = (x - \sqrt[3]{2})(x - \sqrt[3]{2}\,\omega)(x - \sqrt[3]{2}\,\omega^2),$$

但$\sqrt[3]{2}\,\omega, \sqrt[3]{2}\,\omega^2 \notin \mathbb{Q}(\sqrt[3]{2})$ (其中ω 指立方根$\frac{-1+\sqrt{-3}}{2}$).

设L/K为域的代数扩张. 如果L中元α在K上的极小多项式在其分裂域中没有重零点, 我们就称α为K上的**可分元** (separable element). 如果L中元都是K上可分元, 则称L/K为域的**可分扩张** (separable extension).

定理5.3. 设L/K为域的代数扩张, $\alpha \in L$在K上极小多项式为$f(x)$, 则α为K上可分元当且仅当$f'(x)$不是零多项式.

证明: 假设α是可分元, $f(x)$在其分裂域中有分解式$(x - \alpha_1) \cdots (x - \alpha_n)$. 则

$$f'(x) = (x - \alpha_n)' \prod_{0 < i < n} (x - \alpha_i) + (x - \alpha_n) \left(\prod_{0 < i < n} (x - \alpha_i) \right)' = \cdots = \sum_{j=1}^{n} \prod_{\substack{i=1 \\ i \neq j}}^{n} (x - \alpha_i).$$

由于$\alpha_1, \cdots, \alpha_n$两两不同, $1 \leqslant j \leqslant n$时

$$f'(\alpha_j) = \prod_{\substack{i=1 \\ i \neq j}}^{n} (\alpha_j - \alpha_i) \neq 0.$$

因此 $f'(x)$ 不是零多项式.

假如 $f'(x)$ 不是零多项式, 则 $f(x)$ 与次数更低的 $f'(x)$ 在 $K[x]$ 中最大公因式为 1(这是因为 $f(x)$ 在 $K[x]$ 中不可约), 从而存在 $u(x), v(x) \in K[x]$ 使得 $u(x)f(x) + v(x)f'(x) = 1$. 如果 $f(x)$ 在其分裂域中有重零点 β, 写 $f(x) = (x-\beta)^2 g(x)$, 则

$$f'(x) = (x-\beta)^2 g'(x) + ((x-\beta)^2)' g(x) = (x-\beta)^2 g'(x) + 2(x-\beta)g(x),$$

从而

$$1 = u(\beta)f(\beta) + v(\beta)f'(\beta) = 0,$$

这不可能. 因此 $f(x)$ 在其分裂域中没有重零点, α 为 K 上可分元.

定理5.4. 设 L/K 为域的代数扩张. 如果 $\mathrm{ch}(K) = 0$ 或者 $|K| < \infty$, 则 L/K 为可分扩张.

证明: 任给 $\alpha \in L$, 设其在 K 的极小多项式为

$$f(x) = x^n + \sum_{i=0}^{n-1} a_i x^i \ \ (\text{其中} a_i \in K).$$

如果 $\mathrm{ch}(K) = 0$, 则

$$f'(x) = nx^{n-1} + \sum_{0 < i < n} i a_i x^{i-1}$$

不是零多项式, 从而由定理5.3知 α 为 K 上可分元.

假如 K 是 $q = p^m$ 元有限域(其中 p 为素数且 m 为正整数), 则 $\mathrm{ch}(K) = p$. 因 $\deg f(x)$ 整除 n, 依定理4.2知 $f(x)$ 整除

$$P(x) = x^{q^n} - x = x^{p^{mn}} - x.$$

如果 $P(x)$ 在其分裂域中有重零点 β, 则 $P'(x) = 0$ 有根 β(参看定理5.3的证明), 但 $P'(x) = p^{mn} x^{p^{mn}-1} - 1 = -1$, 故得矛盾. 因此 $P(x)$ 在其分裂域中没有重零点, $f(x)$ 也是如此. 故 α 为 K 上可分元.

至此, 定理5.4证毕.

定理5.5. 设域 K 的特征是素数 p, L/K 是域的有限次扩张. 令 KL^p 为 $L^p = \{\alpha^p : \alpha \in L\}$ 生成的 K 上线性空间, 即

$$KL^p = \{a_1 \alpha_1^p + \cdots + a_m \alpha_m^p : m \in \mathbb{Z}^+, \ a_1, \cdots, a_m \in K, \ \alpha_1, \cdots, \alpha_m \in L\}.$$

(i) KL^p 一定是 K 的有限次扩域.

(ii) L/K 是可分扩张 $\Longleftrightarrow$ $KL^p = L$.

证明: (i) 由于$[L:K] < \infty$, L/K为代数扩张. 根据定理1.6知$L^p \leqslant L$. 显然KL^p对加减法与乘法封闭. 如果$\alpha \in KL^p$且$\alpha \neq 0$, 则α为K上代数元, $\alpha^{-1} \in K(\alpha) = K[\alpha] \subseteq KL^p$. 因此$KL^p \leqslant L$, 从而$[KL^p : K] \leqslant [L:K] < \infty$.

(ii) $\Rightarrow$: 任取$\alpha \in L$, 设其在K上的极小多项式为$f(x)$, 在KL^p上极小多项式为$g(x)$. 则在$KL^p[x]$中有$g(x) \mid f(x)$. 设F为$f(x)$在K上的分裂域, 则$F[x]$中$g(x)$可分解成一次式的乘积. 由于α为K上可分元, $f(x)$在F中没有重零点, $g(x)$在其分裂域中也无重零点. 因此α为KL^p上可分元. 由于α是$x^p - \alpha^p \in KL^p[x]$的零点, 在$KL^p[x]$中$g(x)$整除$x^p - \alpha^p = (x - \alpha)^p$. 而$g(x)$是首一的且无重零点, 故必$g(x) = x - \alpha$, 于是由$g(x) \in KL^p[x]$得$\alpha \in KL^p$. 因此$L \subseteq KL^p$, 从而$KL^p = L$.

$\Leftarrow$: 设$\{\gamma_1, \cdots, \gamma_n\}$为$L/K$的一组基底. 每个$\alpha \in L$可表示成$\sum_{i=1}^{n} a_i \gamma_i$的形式(其中$a_i \in K$), 从而利用定理1.6得

$$\alpha^p = \left(\sum_{i=1}^{n} a_i \gamma_i \right)^p = \sum_{i=1}^{n} a_i^p \gamma_i^p.$$

因此$KL^p = K\gamma_1^p + \cdots + K\gamma_n^p$. 于是

$$KL^p = L \iff K\gamma_1^p + \cdots + K\gamma_n^p = L$$
$$\iff \{\gamma_1^p, \cdots, \gamma_n^p\}为L/K的生成系$$
$$\iff \{\gamma_1^p, \cdots, \gamma_n^p\}为L/K的一组基底.$$

假定$KL^p = L$. 任给$\alpha \in L$, 设其在K上的极小多项式为

$$f(x) = x^m + \sum_{i=0}^{m-1} a_i x^i \ (其中a_i \in K).$$

依定理2.2, $\{\alpha^i : i = 0, \cdots, m-1\}$为$K(\alpha)/K$的一组基底. 这个$K$上线性无关组可扩充成$L/K$的一组基底$\{\alpha^i : i = 0, \cdots, m-1\} \cup \{\beta_j : 1 \leqslant j \leqslant n-m\}$ (参看[2, 第191页]). 由上一段知

$$\{\alpha^{ip} : 0 \leqslant i \leqslant m-1\} \cup \{\beta_j^p : 1 \leqslant j \leqslant n-m\}$$

也是L/K的一组基底. 因此诸$\alpha^{ip} \ (i = 0, \cdots, m-1)$在$K$上线性无关.

假如α不是K上可分元, 依定理5.3知

$$0 = f'(x) = mx^{m-1} + \sum_{0 < i < m} i a_i x^{i-1}.$$

而$\mathrm{ch}(K) = p$, 故$p \mid m$. 对于$0 < i < m$, 如果$a_i \neq 0$, 则$p \mid i$. 由此可见$f(x)$形如$g(x^p)$, 这里$g(x) \in K[x]$且$0 < \deg g(x) \leqslant m/p$. 由于$g(\alpha^p) = f(\alpha) = 0$, 诸$(\alpha^p)^i \ (i = 0, \cdots, \lfloor m/p \rfloor)$在$K$上线性相关, 这与诸$\alpha^{ip} \ (i = 0, \cdots, m-1)$在$K$上线性无关矛盾.

综上, 定理5.5证毕.

定理5.6. 设L/M与M/K都是域的有限可分扩张, 则L/K也是域的有限可分扩张.

证明： 依定理2.1, $[L:K] < \infty$从而L/K是域的代数扩张. 如果$\mathrm{ch}(K) = 0$, 依定理5.4知L/K为可分扩张. 当$\mathrm{ch}(K)$是个素数p时, 应用定理5.5知

$$KL^p = K(ML)^p = K(M^pL^p) = (KM^p)L^p = ML^p = L,$$

从而L/K为可分扩张. 证毕.

定理5.7 (单扩张定理). 设L/K是域的有限可分扩张, 则L/K是单扩张, 即有$\gamma \in L$使得$L = K(\gamma)$.

证明： 若K为有限域, 则L也是有限域. 让γ为循环群$L^* = L \setminus \{0\}$的生成元, 则$K(\gamma) = L$.

现在假设K为无穷域, $\{\omega_1, \cdots, \omega_n\}$为$L/K$的一组基底. 显然$K(\omega_1, \cdots, \omega_n) = L$. 当$n = 1$时, 显然$L/K$为单扩张. 如果对任何$\alpha, \beta \in L$都有$\gamma \in L$使得$K(\alpha, \beta) = K(\gamma)$, 则$n > 1$时有$\gamma_1, \cdots, \gamma_{n-1} \in L$, 使得

$$K(\omega_1, \omega_2) = K(\gamma_1),\ K(\omega_1, \omega_2, \omega_3) = K(\gamma_1, \omega_3) = K(\gamma_2),\ \cdots,$$

$$K(\omega_1, \cdots, \omega_{n-1}) = K(\gamma_{n-2}),\ L = K(\gamma_{n-2}, \omega_n) = K(\gamma_{n-1}).$$

任给$\alpha, \beta \in L$, 下面只需证有$\gamma \in L$使得$K(\alpha, \beta) = K(\gamma)$. 假设$f(x)$与$g(x)$分别是$\alpha$与$\beta$在$K$上的极小多项式. 注意$\alpha, \beta$都是$K$上可分元. 让$F$为$f(x)g(x)$在$L$上的分裂域, 可写

$$f(x) = \prod_{i=1}^{n}(x - \alpha_i),\ g(x) = \prod_{j=1}^{m}(x - \beta_j),$$

这里$\alpha_1, \cdots, \alpha_n$为$F$中两两不同的元素, $\beta_1, \cdots, \beta_m$也是F中两两不同的元素. 由于$f(\alpha) = 0$且$g(\beta) = 0$, 不妨设$\alpha_1 = \alpha$且$\beta_1 = \beta$. 由于K为无穷域, 存在$c \in K$使得

$$c \notin \left\{ \frac{\alpha_i - \alpha}{\beta - \beta_j} : 1 \leqslant i \leqslant n\ \text{且}\ 1 < j \leqslant m \right\}.$$

注意$\gamma = \alpha + c\beta$不同于诸$\alpha_i + c\beta_j$ $(1 \leqslant i \leqslant n,\ 1 < j \leqslant m)$. 对于多项式$h(x) = f(\gamma - cx) \in K(\gamma)[x]$, 显然$h(\beta) = f(\alpha) = 0$, 但$1 < j \leqslant m$时

$$h(\beta_j) = f(\gamma - c\beta_j) \neq 0.$$

设$d(x)$是$g(x)$与$h(x)$在$K(\gamma)[x]$中的最大公因式, 则有$u(x), v(x) \in K(\gamma)[x]$使得

$$u(x)g(x) + v(x)h(x) = d(x),$$

从而

$$d(\beta) = u(\beta)g(\beta) + v(\beta)h(\beta) = 0.$$

在$F[x]$中$d(x)$整除$g(x) = \prod_{j=1}^{m}(x - \beta_j)$, 从而有$J \subseteq \{1, \cdots, m\}$使得

$$d(x) = \prod_{j \in J}(x - \beta_j).$$

由于$d(x) \mid h(x)$, $1 < j \leqslant m$时由$h(\beta_j) \neq 0$可得$d(\beta_j) \neq 0$. 因此$d(x)$必为$x - \beta$. 而$d(x) \in K(\gamma)[x]$, 故$\beta \in K(\gamma)$, 从而也有$\alpha = \gamma - c\beta \in K(\gamma)$. 因此

$$K(\alpha, \beta) \subseteq K(\gamma) \subseteq K(\alpha, \beta),$$

从而$K(\alpha, \beta) = K(\gamma)$.

至此, 定理5.7得证.

【例5.2】设$d_1, d_2 \neq 0, 1$为不同的无平方因子整数. 显然$\sqrt{d_1}$在$\mathbb{Q}$上的极小多项式为

$$x^2 - d_1 = \left(x - \sqrt{d_1}\right)\left(x - \left(-\sqrt{d_1}\right)\right),$$

$\sqrt{d_2}$在$\mathbb{Q}$上的极小多项式为

$$x^2 - d_2 = \left(x - \sqrt{d_2}\right)\left(x - \left(-\sqrt{d_2}\right)\right).$$

由于集合

$$\left\{\frac{\sqrt{d_1} - \sqrt{d_1}}{\sqrt{d_2} - (-\sqrt{d_2})}, \frac{-\sqrt{d_1} - \sqrt{d_1}}{\sqrt{d_2} - (-\sqrt{d_2})}\right\} = \left\{0, -\sqrt{\frac{d_1}{d_2}}\right\}$$

不含1, 根据定理5.7的证明知,

$$\mathbb{Q}\left(\sqrt{d_1}, \sqrt{d_2}\right) = \mathbb{Q}\left(\sqrt{d_1} + \sqrt{d_2}\right).$$

其实这也可直接证明:

$$\sqrt{d_1} - \sqrt{d_2} = \frac{d_1 - d_2}{\sqrt{d_1} + \sqrt{d_2}} \in \mathbb{Q}\left(\sqrt{d_1} + \sqrt{d_2}\right), \tag{5.1}$$

从而

$$2\sqrt{d_1} = \left(\sqrt{d_1} - \sqrt{d_2}\right) + \left(\sqrt{d_1} + \sqrt{d_2}\right) \in \mathbb{Q}$$

于是$\sqrt{d_1}$与$\sqrt{d_2} = \left(\sqrt{d_1} + \sqrt{d_2}\right) - \sqrt{d_1}$都属于$\mathbb{Q}\left(\sqrt{d_1} + \sqrt{d_2}\right)$, 因此(5.1)成立.

§6.6 Galois理论

设F为域. 如果σ是F到F的双射, 而且对任何$a, b \in F$都有

$$\sigma(a + b) = \sigma(a) + \sigma(b) \ \text{与} \ \sigma(ab) = \sigma(a)\sigma(b),$$

则称σ是域F的自同构. 容易验证F的全体自同构依映射的复合构成一个群, 它叫**域F的自同构群**, 我们记为$\mathrm{Aut}(F)$.

设F为域, G是$\mathrm{Aut}(F)$的子群. 易证

$$\mathrm{Inv}(G) = \{a \in F : \forall \sigma \in G \ (\sigma(a) = a)\}$$

是F的一个子域, 它叫做G的**不变域** (invariant field).

设L/K为域扩张. 易见

$$\mathrm{Gal}(L/K) = \{\sigma \in \mathrm{Aut}(L) : \forall a \in K \ (\sigma(a) = a)\} \leqslant \mathrm{Aut}(L),$$

这个群叫做域扩张L/K的**Galois群** (Galois group).

【例6.1】设$q = p^n$, 这里p为素数, n为正整数. 有限域$\mathbb{F}_q$的最小子域E与$\mathbb{Z}/p\mathbb{Z}$同构. 对$\alpha \in \mathbb{F}_q$让$\sigma(\alpha) = \alpha^p$, 利用本章定理1.5易见, $\sigma \in \mathrm{Aut}(\mathbb{F}_q)$且它保持$E$中元不动, 因而$\sigma \in \mathrm{Gal}(\mathbb{F}_q/E)$. 域$F$的这个自同构$\sigma$叫做**Frobenius自同构**, 可证$\mathrm{Gal}(\mathbb{F}_q/E)$就是$\sigma$生成的$[\mathbb{F}_q : E] = n$阶循环群.

引理6.1. 设L/K是域的有限可分扩张, 则$|\mathrm{Gal}(L/K)| \leqslant [L : K]$, 而且

$$|\mathrm{Gal}(L/K)| = [L : K] \iff L/K \text{是正规扩张}.$$

证明: (i) 设$[L : K] = n$. 依定理5.7(单扩张定理), L/K为单扩张. 于是有$\alpha \in L$使得$K(\alpha) = L$. 由于$[K(\alpha) : K] = [L : K] = n$, α在K上的极小多项式$f(x)$是n次的. 设

$$f(x) = x^n + \sum_{i=0}^{n-1} c_i x^i \ (\text{其中} c_i \in K).$$

任给$\sigma \in \mathrm{Gal}(L/K)$, 显然

$$f(\sigma(\alpha)) = \sigma(\alpha)^n + \sum_{i=0}^{n-1} c_i \sigma(\alpha)^i = \sigma(\alpha^n) + \sum_{i=0}^{n-1} \sigma(c_i \alpha^i) = \sigma(f(\alpha)) = \sigma(0) = 0,$$

而且对任何的$a_0, \cdots, a_{n-1} \in K$有

$$\sigma\left(\sum_{i=0}^{n-1} a_i \alpha^i\right) = \sum_{i=0}^{n-1} \sigma(a_i)\sigma(\alpha^i) = \sum_{i=0}^{n-1} a_i \sigma(\alpha)^i.$$

考虑到$\{\alpha^i : i = 0, \cdots, n-1\}$是$L/K$的一组基底, 诸$\sigma(\alpha)$ ($\sigma \in \mathrm{Gal}(L/K)$是$f(x)$的不同零点. 因此$|\mathrm{Gal}(L/K)| \leqslant \deg f = n = [L : K]$.

(ii) 假设$|\mathrm{Gal}(L/K)| = n$, 由(i)知

$$f(x) = \prod_{\sigma \in \mathrm{Gal}(L/K)} (x - \sigma(\alpha)) \in L[x],$$

从而

$$K(\alpha) \subseteq K(\{\sigma(\alpha) : \sigma \in \mathrm{Gal}(L/K)\}) \subseteq L = K(\alpha).$$

因此L就是$f(x)$在K上的分裂域. 应用定理5.2知L/K是正规扩张.

(iii) 现在假设L/K是正规扩张. 由于$\alpha \in L$且$f(\alpha) = 0$, 可写

$$f(x) = (x - \alpha_1) \cdots (x - \alpha_n) \ (其中\alpha_1, \cdots, \alpha_n \in L).$$

由于α是K上可分元, 诸$\alpha_1, \cdots, \alpha_n$两两不同. $1 \leqslant j \leqslant n$时, α_j在K上的极小多项式也是$f(x)$, 于是$[K(\alpha_j) : K] = n = [L : K]$, 从而$\{\alpha_j^i : i = 0, \cdots, n-1\}$也是$L/K$的一组基底.

任给$1 \leqslant j \leqslant n$, 对$P(x), Q(x) \in K[x]$我们有

$$P(\alpha_j) = Q(\alpha_j) \iff \alpha_j为P(x) - Q(x)的零点 \iff f(x)整除P(x) - Q(x),$$

从而

$$P(\alpha_j) = Q(\alpha_j) \iff P(\alpha) = Q(\alpha)$$

(注意$\alpha \in \{\alpha_1, \cdots, \alpha_n\}$). 对$P(x) \in K[x]$定义$\sigma_j(P(\alpha)) = P(\alpha_j)$, 则$\sigma_j$是$L$到$L$的双射. 显然$\sigma_j$是个同态, 而且$\forall a \in K \ (\sigma_j(a) = a)$, 故$\sigma_j \in \mathrm{Gal}(L/K)$.

由于诸$\sigma_j(\alpha) = \alpha_j \ (j = 1, \cdots, n)$两两不同, 诸$\sigma_1, \cdots, \sigma_n$两两互异. 因此

$$|\mathrm{Gal}(L/K)| \geqslant |\{\sigma_1, \cdots, \sigma_n\}| = n.$$

而在(i)中已证$|\mathrm{Gal}(L/K)| \leqslant n$, 故$|\mathrm{Gal}(L/K)| = n = [L : K]$.

综上, 引理6.1得证.

引理6.2. 设L/K为域的有限可分扩张, $\alpha \in L$且$H \leqslant \mathrm{Gal}(L/K)$, 则

$$\prod_{\sigma \in H} (x - \sigma(\alpha)) \in \mathrm{Inv}(H)[x].$$

证明：由引理6.1, $|H| \leqslant |\mathrm{Gal}(L/K)| \leqslant [L:K] < \infty$. 将 $h(x) = \prod\limits_{\sigma \in H}(x - \sigma(\alpha))$ 展开得

$$h(x) = x^{|H|} + \sum_{k=1}^{|H|}(-1)^k c_k x^{|H|-k},$$

这里 c_k 为关于 $\sigma(\alpha)$ $(\sigma \in H)$ 的初等对称表达式. 任给 $\tau \in H$, 由于 $\{\tau\sigma : \sigma \in H\} = H$ 且 $\tau \in \mathrm{Gal}(L/K)$, 我们有

$$h(x) = \prod_{\sigma \in H}(x - \tau\sigma(\alpha)) = x^{|H|} + \sum_{k=1}^{|H|}(-1)^k \tau(c_k) x^{|H|-k}.$$

因此, $1 \leqslant k \leqslant |H|$ 时 $\forall \tau \in H$ $(\tau(c_k) = c_k)$, 从而 $h(x) \in \mathrm{Inv}(H)[x]$. 证毕.

设 L/K 为域扩张, 如果 L 的子域 M 包含 K(亦即 $K \leqslant M \leqslant L$), 我们就说 M 是 K 与 L 的中间域.

如果域扩张 L/K 是可分的正规扩张, 我们就称它为**Galois扩张** (Galois extension).

定理6.1 (Galois理论基本定理). 设 L/K 为域的有限Galois扩张.

(i) 如果 $K \leqslant M \leqslant L$, 则 L/M 是域的Galois扩张, 而且

$$\mathrm{Gal}(L/M) \leqslant \mathrm{Gal}(L/K), \quad |\mathrm{Gal}(L/M)| = [L:M], \quad \mathrm{Inv}(\mathrm{Gal}(L/M)) = M.$$

(ii) $H \leqslant \mathrm{Gal}(L/K)$ 时, $M = \mathrm{Inv}(H)$ 为 K 与 L 的中间域, 而且 $\mathrm{Gal}(L/M) = H$.

(iii) 设 $K \leqslant M \leqslant L$, 则

$$M/K\text{是域的正规扩张} \iff \mathrm{Gal}(L/M) \trianglelefteq \mathrm{Gal}(L/K).$$

M/K 是域的正规扩张时,

$$\mathrm{Gal}(M/K) \cong \mathrm{Gal}(L/K)/\mathrm{Gal}(L/M). \tag{6.1}$$

证明：(i) 设 $\{\alpha_1, \cdots, \alpha_n\}$ 为 L/K 的一组基底, 则

$$L = \left\{\sum_{i=1}^n a_i\alpha_i : a_1, \cdots, a_n \in K\right\} \subseteq \left\{\sum_{i=1}^n a_i\alpha_i : a_1, \cdots, a_n \in M\right\} \subseteq L,$$

于是 $\{\alpha_1, \cdots, \alpha_n\}$ 为 L/M 的一组生成系, 从而 $[L:M] < \infty$.

任给 $\alpha \in L$, 它在 M 上的极小多项式整除 α 在 K 上的极小多项式. 由于 α 为 K 上可分元, α 在 K 上的极小多项式在其分裂域中无重零点, 从而 α 在 M 上的极小多项式也无重零点.

因此α也是M上的可分元. 由于L/K是有限正规扩张, 应用定理5.2知L是某个非常数多项式$f(x) \in K[x]$在K上的分裂域. 于是L也是$f(x)$在M上的分裂域, 从而L/M也是正规扩张. 因此L/M为域的Galois扩张. 应用引理6.1得

$$|\text{Gal}(L/M)| = [L : M].$$

显然$H = \text{Gal}(L/M)$为$\text{Gal}(L/K)$的子群, 而且$M \leqslant \text{Inv}(H)$. 如果定理6.1(ii)成立, 则

$$[L : \text{Inv}(H)] = |\text{Gal}(L/\text{Inv}(H))| = |H| = [L : M] = [L : \text{Inv}(H)][\text{Inv}(H) : M],$$

从而$[\text{Inv}(H) : M] = 1$, 亦即$\text{Inv}(H) = M$.

(ii) 现在来证定理6.1(ii). 任给$H \leqslant \text{Gal}(L/K) \leqslant \text{Aut}(L)$, $M = \text{Inv}(H)$为L的子域. $a \in K$时对任何$\sigma \in H$有$\sigma(a) = a$, 因此$K \subseteq \text{Inv}(H) = M$, M为K与L的中间域. 由(i)知L/M为有限可分扩张. 依单扩张定理(即定理5.7), 有$\beta \in L$使得$M(\beta) = L$. 根据引理6.2, 多项式

$$h(x) = \prod_{\sigma \in H} (x - \sigma(\beta))$$

各系数属于$\text{Inv}(H) = M$. 因此$h(x) \in M[x]$. 而$h(\beta) = 0$且β在M上的极小多项式是$[L : M]$次的, 故有$|H| = \deg h(x) \geqslant [L : M]$. 又因为$H \leqslant \text{Gal}(L/M)$, 且由上一段知$|\text{Gal}(L/M)| = [L : M]$, 故$H = \text{Gal}(L/M)$, 而且$|H| = [L : M]$.

(iii) 由于L/K为有限可分扩张, M/K显然也是有限可分扩张. 依单扩张定理(定理5.7), 有$\beta \in M$使得$K(\beta) = M$. 注意β在K上的极小多项式$g(x)$次数为$m = [M : K]$.

现在假设M/K为正规扩张. 由于$g(\beta) = 0$且$\beta \in M$, 可写

$$g(x) = (x - \beta_1) \cdots (x - \beta_m) \quad (\text{其中}\beta_1, \cdots, \beta_m \in M).$$

任取$\sigma \in \text{Gal}(L/K)$, 由于

$$g(\sigma(\beta)) = \sigma(g(\beta)) = \sigma(0) = 0,$$

我们有$\sigma(\beta) \in \{\beta_1, \cdots, \beta_m\} \subseteq M$. 注意$\sigma(\beta)$的极小多项式也是$g(x)$, 而且$K(\sigma(\beta)) = M$. 对任何$P(x) \in K[x]$, 显然

$$\sigma(P(\beta)) = P(\sigma(\beta)).$$

故σ在M上的限制σ_*属于$\text{Gal}(M/K)$.

对$\sigma \in \text{Gal}(L/K)$, 定义$\Psi(\sigma) = \sigma_* \in \text{Gal}(M/K)$. 对于$\sigma, \tau \in \text{Gal}(L/K)$及$P(x) \in K[x]$, 我们有

$$(\sigma\tau)_*(P(\beta)) = \sigma\tau(P(\beta)) = \sigma(\tau(P(\beta)) = \sigma_*\tau_*(P(\beta)).$$

因此Ψ是群$\mathrm{Gal}(L/K)$到群$\mathrm{Gal}(M/K)$的同态. 注意M上的恒等映射I_M是群$\mathrm{Gal}(M/K)$的单位元, 而且

$$\mathrm{Ker}(\Psi) = \{\sigma \in \mathrm{Gal}(L/K) : \sigma_* = I_M\} = \mathrm{Gal}(L/M).$$

应用群的同态基本定理(第1章定理8.2)便得$\mathrm{Gal}(L/M) \trianglelefteq \mathrm{Gal}(L/K)$, 而且

$$\mathrm{Gal}(L/K)/\mathrm{Gal}(L/M) \cong \mathrm{Im}(\Psi) \leqslant \mathrm{Gal}(M/K).$$

由于L/K与M/K均为Galois扩张, 利用已证的定理6.1(i)及上式我们得到

$$|\mathrm{Im}(\Psi)| = \frac{|\mathrm{Gal}(L/K)|}{|\mathrm{Gal}(L/M)|} = \frac{[L:K]}{[L:M]} = [M:K] = |\mathrm{Gal}(M/K)|,$$

因此$\mathrm{Im}(\Psi) = \mathrm{Gal}(M/K)$, 从而(6.1)成立.

现在假设$H = \mathrm{Gal}(L/M) \trianglelefteq \mathrm{Gal}(L/K)$, 由定理6.1(i)知$\mathrm{Inv}(H) = M$. 我们要证明$M/K$为正规扩张. 任给$\sigma \in H$与$\tau \in \mathrm{Gal}(L/K)$, 由于$H \trianglelefteq \mathrm{Gal}(L/K)$, $\sigma' = \tau^{-1}\sigma\tau \in H$. 而$\beta \in M = \mathrm{Inv}(H)$, 故有

$$\sigma\tau(\beta) = \tau\sigma'(\beta) = \tau(\beta).$$

因此, $\tau(\beta) \in \mathrm{Inv}(H) = M$.

将$\mathrm{Gal}(L/K)$按H进行右陪集分解: $\mathrm{Gal}(L/K) = \bigcup\limits_{i=1}^{l} H\tau_i$, 这里$\tau_1$为$L$上恒等映射, $\tau_i \in \mathrm{Gal}(L/K)$且$l = [\mathrm{Gal}(L/K) : H]$. 令

$$h(x) = \prod_{i=1}^{l}(x - \tau_i(\beta)),$$

则

$$h(x) = x^l + \sum_{k=1}^{l}(-1)^k c_k x^{l-k}, \text{ 其中 } c_k = \sum_{1\leqslant i_1 < \cdots < i_k \leqslant l} \prod_{j=1}^{k} \tau_{i_j}(\beta) \in M.$$

任给$\sigma \in H$,

$$\sigma(c_k) = \sum_{1\leqslant i_1 < \cdots < i_k \leqslant l} \prod_{j=1}^{k} \sigma(\tau_{i_j}(\beta)) = \sum_{1\leqslant i_1 < \cdots < i_k \leqslant l} \prod_{j=1}^{k} \tau_{i_j}(\beta) = c_k$$

(注意$\tau_{i_j}(\beta) \in M = \mathrm{Inv}(H)$). 对于$\sigma \in H$与$1 \leqslant s \leqslant l$, 由于$\sigma' = \tau_s^{-1}\sigma\tau_s \in H$, 我们有

$$\sigma\tau_s(c_k) = \tau_s\sigma'(c_k) = \tau_s(\sigma'(c_k)) = \tau_s(c_k) = \sum_{1\leqslant i_1 < \cdots < i_k \leqslant l} \prod_{j=1}^{k} \tau_s\tau_{i_j}(\beta),$$

从而

$$x^l + \sum_{k=1}^{l}(-1)^k \sigma\tau_s(c_k)x^{l-k} = \prod_{i=1}^{l}(x - \tau_s\tau_i(\beta)).$$

如果$\tau_s\tau_i \in H\tau_{i'}$ (其中$1 \leqslant i' \leqslant l$), 则$\tau_s\tau_i(\beta) = \tau_{i'}(\beta) \in M = \mathrm{Inv}(H)$. 注意$i \mapsto i'$是$\{1, \cdots, l\}$上的置换, 因而

$$x^l + \sum_{k=1}^{l}(-1)^k \sigma\tau_s(c_k)x^{l-k} = \prod_{i=1}^{l}(x - \tau_s\tau_i(\beta)) = \prod_{j=1}^{l}(x - \tau_j(\beta)) = h(x).$$

于是对每个$k = 1, \cdots, l$都有$\sigma\tau_s(c_k) = c_k$.

$\mathrm{Gal}(L/K)$中置换都可表示成$\sigma\tau_s$的形式, 这里$\sigma \in H$且$1 \leqslant s \leqslant l$. 由上一段及定理6.1(i), 对每个$k = 1, \cdots, l$都有$c_k \in \mathrm{Inv}(\mathrm{Gal}(L/K)) = K$, 因此$h(x) \in K[x]$. 由于$h(\beta) = 0$且$K(\beta) = M$, 我们看到$M$正是$h(x)$在$K$上的分裂域. 应用定理5.2便知$M/K$为正规扩张.

至此, 我们完成了定理6.1的证明.

设L/K为域的有限Galois扩张. 定理6.1表明

$$\{M: K \leqslant M \leqslant L\} \cong \{H: H \leqslant \mathrm{Gal}(L/K)\},$$

具体说来, 我们把中间域M对应到$\mathrm{Gal}(L/M) \leqslant \mathrm{Gal}(L/K)$, 其逆对应是把$H \leqslant \mathrm{Gal}(L/K)$对应到中间域$\mathrm{Inv}(H)$. 在此对应下, 中间域$M$是$K$的正规扩域等价于相应的$\mathrm{Gal}(L/M)$在$\mathrm{Gal}(L/K)$中正规.

设L/K为域扩张, 如果$\mathrm{Gal}(L/K)$为Abel群, 我们就称L/K为**Abel扩张** (abelian extension).

推论6.1. 设L/K为域的有限Galois扩张. 假设存在域的有穷长扩张链

$$K_0 = K \leqslant K_1 \leqslant \cdots \leqslant K_{n-1} \leqslant K_n$$

使得$L \leqslant K_n$, 诸K_i/K $(1 \leqslant i \leqslant n)$为有限Galois扩张且诸$K_i/K_{i-1}$ $(1 \leqslant i \leqslant n)$为Abel扩张, 则$\mathrm{Gal}(L/K)$必为可解群.

证明: 由于K_i/K $(1 \leqslant i \leqslant n)$为有限Galois扩张, 依定理6.1(i)知$K_n/K_{i-1}$与$K_i/K_{i-1}$ $(i = 1, \cdots, n)$也都是有限Galois扩张. 根据定理6.1(iii)知

$$\mathrm{Gal}(K_n/K_n) \trianglelefteq \mathrm{Gal}(K_n/K_{n-1}) \trianglelefteq \cdots \trianglelefteq \mathrm{Gal}(K_n/K_0) = \mathrm{Gal}(K_n/K), \tag{6.2}$$

而且诸商群

$$\mathrm{Gal}(K_n/K_{i-1})/\mathrm{Gal}(K_n/K_i) \cong \mathrm{Gal}(K_i/K_{i-1}) \quad (i=1,\cdots,n)$$

都是Abel群. 因此(6.2)为$\mathrm{Gal}(K_n/K)$的Abel列, 从而$\mathrm{Gal}(K_n/K)$可解. 依定理6.1(iii), 我们也有

$$\mathrm{Gal}(K_n/L) \trianglelefteq \mathrm{Gal}(K_n/K) \ \text{且} \ \mathrm{Gal}(K_n/K)/\mathrm{Gal}(K_n/L) \cong \mathrm{Gal}(L/K).$$

由于$\mathrm{Gal}(K_n/K)$可解, 依第3章定理3.6知$\mathrm{Gal}(L/K)$亦可解.

引理6.3. 设K为域, 正整数n不被$\mathrm{ch}(K)$整除, L为$x^n-1 \in K[x]$在K上的分裂域. 则

$$G_n = \{\alpha \in L : \alpha^n = 1\}$$

必是n阶循环群, 而且$\mathrm{Gal}(L/K)$可嵌入Abel群$U(\mathbb{Z}/n\mathbb{Z})$中.

证明: 如果有$\alpha \in L$及$q(x) \in L[x]$使得$x^n-1=(x-\alpha)^2 q(x)$, 两边求形式导数得

$$nx^{n-1}=(x-\alpha)^2 q'(x)+2(x-\alpha)q(x),$$

从而$n\alpha^{n-1}=0$, 这与$\mathrm{ch}(K) \nmid n$矛盾. 因此$x^n=1$在L中没有重根, 于是$|G_n|=n$. 注意G_n是域L乘法群$L^* = L \setminus \{0\}$的有限子群, 应用定理1.2(ii)知G为循环群.

我们把G_n中元叫做n**次单位根** (n-th root of unity), G_n的任一个生成元ζ叫做**本原n次单位根**(primitive n-th root of unity). $1 \leqslant k \leqslant n$时, ζ^k是本原n次单位根当且仅当k与n互素. 设ζ在K上的极小多项式为m次的, 则$L/K=K(\zeta)/K$有组基底$\{\zeta^i : i=0,\cdots,m-1\}$. 任给$\sigma \in \mathrm{Gal}(L/K)$, 对任何$a_0,\cdots,a_{m-1} \in K$显然有

$$\sigma\left(\sum_{i=0}^{m-1} a_i\zeta^i\right) = \sum_{i=0}^{m-1} a_i\sigma(\zeta)^i.$$

这表明σ由它在ζ处的值决定. 注意$\sigma(\zeta)^n = \sigma(\zeta^n) = \sigma(1) = 1$, 但$1 \leqslant j < n$时

$$\sigma(\zeta)^j = \sigma(\zeta^j) \neq \sigma(1) = 1.$$

因此$\sigma(\zeta)$也是本原n次单位根, 从而有与n互素的$k_\sigma \in \{1,\cdots,n\}$使得$\sigma(\zeta)=\zeta^{k_\sigma}$.

对$\sigma \in \mathrm{Gal}(L/K)$定义$\Psi(\sigma)=k_\sigma+n\mathbb{Z}$, 由上一段知$\Psi$是$\mathrm{Gal}(L/K)$到$U(\mathbb{Z}/n\mathbb{Z})$的单射. 对于$\sigma,\tau \in \mathrm{Gal}(L/K)$, 显然

$$\sigma\tau(\zeta) = \sigma(\zeta^{k_\tau}) = \sigma(\zeta)^{k_\tau} = \zeta^{k_\sigma k_\tau},$$

从而

$$\Psi(\sigma\tau) = k_\sigma k_\tau + n\mathbb{Z} = (k_\sigma + n\mathbb{Z})(k_\tau + n\mathbb{Z}) = \Psi(\sigma)\Psi(\tau).$$

因此Ψ是$\mathrm{Gal}(L/K)$到$U(\mathbb{Z}/n\mathbb{Z})$的单同态, 从而$\mathrm{Gal}(L/K)$同构于$U(\mathbb{Z}/n\mathbb{Z})$的一个子群.

引理6.4. 设域K含有本原n次单位根ζ, 又设

$$f(x) = (x^n - a_1)\cdots(x^n - a_m), \quad 其中\ a_1,\cdots,a_m \in K.$$

让L为$f(x) \in K[x]$在K上的分裂域, 则L/K为Abel扩张.

证明: 对$i = 1,\cdots,m$取$\alpha_i \in L$使得$\alpha_i^n = a_i$, 则

$$x^n - a_i = \prod_{j=1}^{n}(x - \alpha_i\zeta^j).$$

而$\zeta \in K$, 故

$$L = K(\alpha_1,\cdots,\alpha_m) = K[\alpha_1,\cdots,\alpha_m].$$

因此$\sigma \in \mathrm{Gal}(L/K)$由它在$\alpha_1,\cdots,\alpha_m$处的值决定.

任给$\sigma,\tau \in \mathrm{Gal}(L/K)$及$1 \leqslant i \leqslant m$, 显然

$$\sigma(\alpha_i)^n = \sigma(\alpha_i^n) = \sigma(a_i) = a_i,$$

从而有$1 \leqslant k_i \leqslant n$使得$\sigma(\alpha_i) = \alpha_i\zeta^{k_i}$; 类似地, 也有$1 \leqslant l_i \leqslant n$使得$\tau(\alpha_i) = \alpha_i\zeta^{l_i}$. 于是

$$\sigma\tau(\alpha_i) = \sigma(\alpha_i\zeta^{l_i}) = \sigma(\alpha_i)\zeta^{l_i} = \alpha_i\zeta^{k_i+l_i}.$$

类似地, $\tau\sigma(\alpha_i) = \alpha_i\zeta^{l_i+k_i}$. 因此$\sigma\tau(\alpha_i) = \tau\sigma(\alpha_i)$.

由上两段可见, 对任何$\sigma,\tau \in \mathrm{Gal}(L/K)$都有$\sigma\tau = \tau\sigma$. 因此$L/K$为Abel扩张.

设K为域, $f(x) \in K[x]$次数为正. 如果L为$f(x)$在K上的分裂域, 就称$\mathrm{Gal}(L/K)$为多项式$f(x)$**在K上的Galois群**. 如果存在域的有穷长单扩张链

$$K_0 = K \leqslant K_1 \leqslant \cdots \leqslant K_n$$

使得$f(x)$在$K_n[x]$中可表示成一次式的乘积, 而且$i = 1,\cdots,n$时有$\alpha_i \in K_i$与正整数m_i使得$K_i = K_{i-1}(\alpha_i)$且$\alpha_i^{m_i} \in K_{i-1}$, 我们就说方程$f(x) = 0$在$K$上**根式可解**(solvable by radicals).

定理6.2 (Galois). 设 K 是特征为零的域, $f(x) \in K[x]$ 次数为正. 若方程 $f(x) = 0$ 在 K 上根式可解, 则多项式 $f(x)$ 在 K 上的Galois群是可解群.

证明: 假设 $K_0 = K \leqslant K_1 \leqslant \cdots \leqslant K_n$, $f(x)$ 在 $K_n[x]$ 中可分解成一次式的乘积, $i = 1, \cdots, n$ 时有 $\alpha_i \in K_i$ 与正整数 m_i, 使得 $K_i = K_{i-1}(\alpha_i)$ 且 $\alpha_i^{m_i} \in K_{i-1}$. 把 $m_1, \cdots, m_n$ 的最小公倍数记为 m, 并定义 K_0' 为 $x^m - 1 \in K[x]$ 在 $K_0 = K$ 上的分裂域. 依引理6.3, K_0 中有本原 m 次单位根 ζ. 根据定理5.2与引理6.3, K_0'/K 既是有限正规扩张也是Abel扩张.

假如已有域的扩张链 $K_0' \leqslant \cdots \leqslant K_{i-1}'$ (其中 $1 \leqslant i \leqslant n$), 使得诸 K_s'/K $(0 < s < i)$ 都是有限正规扩张, $K_s \leqslant K_s'$, 且 K_s'/K_{s-1}' 是Abel扩张. 注意 $a_i = \alpha_i^{m_i} \in K_{i-1}$ 且 K_{i-1}' 含有本原 m_i 次单位根 $\zeta_i = \zeta^{m/m_i}$. 设 $a_i \in K_{i-1}$ 在 K 上的极小多项式为 $f_i(x)$, 由于 $a_i \in K_{i-1}'$ 且 K_{i-1}'/K 为正规扩张, 可写 $f_i(x) = \prod_{j=1}^{k_i} (x - a_{ij})$, 这里 $a_{ij} \in K_{i-1}'$. 由于 $f_i(\alpha_i^{m_i}) = 0$, $f_i(x^{m_i})$ 在 K_{i-1}' 上的分裂域 K_i' 含有 α_i. 注意 $K_i = K_{i-1}(\alpha_i) \leqslant K_i'$. 依引理6.4, K_i'/K_{i-1}' 为Abel扩张. 由于 $\mathrm{ch}(K) = 0$, 有限次扩张 K_{i-1}'/K 是可分扩张(由定理5.4), 从而也是单扩张(由定理5.7). 于是有 $\beta \in K_{i-1}'$ 使得 $K_{i-1}' = K(\beta)$. 设 β 在 K 上的极小多项式为 $g(x)$. 因 K_{i-1}'/K 为正规扩张, $g(x)$ 在 $K_{i-1}'[x]$ 中可分解成一次式的乘积. 因此 K_{i-1}' 为 $g(x)$ 在 K 上的分裂域, K_i' 是 $f_i(x^{m_i})g(x) \in K[x]$ 在 K 上的分裂域. 故由定理5.2知 K_i'/K 是有限正规扩张.

由上面推理, 我们可递归地找出域的扩张链

$$K \leqslant K_0' \leqslant K_1' \leqslant \cdots \leqslant K_n'$$

使得

$$K_0'/K, \ K_1'/K, \ \cdots, \ K_n'/K$$

都是有限正规扩张, 从而是Galois扩张(因 $\mathrm{ch}(K) = 0$ 保证了可分性), 诸 K_i'/K_{i-1}' $(1 \leqslant i \leqslant n)$ 都是Abel扩张, 而且 $f(x)$ 在 $K_n'[x]$ 中可完全分解成一次式的乘积. 取 $L \leqslant K_n'$ 使得 L 为 $f(x)$ 在 K 上的分裂域, 则 L/K 为有限正规扩张, 从而是有限Galois扩张. 应用推论6.2, 我们得到 $\mathrm{Gal}(L/K)$ 可解.

实际上, Galois不仅证明了定理6.2也证明了其逆定理. 正因为这个原因, Galois才引入 "可解群" 这一概念.

考虑域 F 上 n 次的字母系数的方程

$$f(x) = x^n + t_1 x^{n-1} + \cdots + t_{n-1}x + t_n = 0.$$

让 $K = F(t_1, \cdots, t_n)$, 并设 $f(x)$ 在 K 上的分裂域为 L, Galois证明了 $\mathrm{Gal}(L/K)$ 与对称群 S_n 同构. 正由于这个原因, Galois研究了对称群 S_n 是否可解, 并证明了 $n \geqslant 5$ 时 S_n 不可解.

定理6.3 (Abel定理). 在特征为零的域K上, $n \geqslant 5$次字母系数的方程

$$x^n + t_1 x^{n-1} + \cdots + t_{n-1}x + t_n = 0$$

不是根式可解的.

1799年, P. Ruffini首先意识到此定理但他的证明有缺陷. 1823年, Abel首次严格证明了这一结论. Galois应用Galois理论也证明了此定理, 而且给出具体的数字系数的根式不可解代数方程.

引理6.5. $f(x) = x^5 - 4x + 2$是$\mathbb{Q}[x]$中不可约多项式, 而且$f(x) = 0$恰有三个不同实根与一对共轭复根.

证明: 如果$\alpha \in \mathbb{Q}$是$f(x) = 0$的根, 则α是有理的代数整数, 从而$\alpha \in \mathbb{Z}$. 容易看出$f(0)$与$f(\pm 1)$都非零. 对于整数$m \geqslant 2$, 显然$m^5 - 4m + 2 \geqslant 2 > 0$. 对于整数$m \leqslant -2$, 显然

$$m^5 - 4m + 2 = m(m^4 - 4) + 2 \leqslant -2(16 - 4) + 2 < 0.$$

因此$f(x) = 0$无整数解, 从而$f(x)$在$\mathbb{Q}[x]$中无一次式因子.

假如$f(x)$在$\mathbb{Q}[x]$中可约, 则无x^4项的$f(x)$可表示成

$$(x^2 + ax + b)(x^3 - ax^2 + cx + d) = x^5 + (b + c - a^2)x^3 + (d - a(b-c))x^2 + (ad + bc)x + bd,$$

其中$a, b, c, d \in \mathbb{Q}$. 由于$f(x) = 0$的根为代数整数且全体代数整数构成环(参见定理3.4), 利用关于代数方程根与系数关系的Viéte定理(参见[2, 37-38页])知a, b, c, d都是有理的代数整数, 从而由定理3.5 得$a, b, c, d \in \mathbb{Z}$. 由于$f(x) = x^5 - 4x + 2$, 我们有关系式

$$b + c = a^2, \ a(b - c) = d, \ ad + bc = -4, \ bd = 2.$$

因$bd = 2$, 要么$b = \pm 1$, 要么$d = \pm 1$. 如果$d = \pm 1$, 则

$$a^2 = 1, \ b = \pm 2, \ b + c = 1 \text{ 且 } b - c \in \{\pm 1\},$$

这导致矛盾. 因此$b = \pm 1$, $d = \pm 2$. 由$ad + bc = -4$知$c \equiv 1 \equiv b \pmod 2$, 由$b + c = a^2$得$2 \mid a$, 从而$d = a(b - c)$被$2 \times 2$整除, 这也导致矛盾.

依上两段, $f(x)$是$\mathbb{Q}[x]$中不可约多项式(这也可利用[2, 第42页]中的Einsenstein 判别法得到).

由于$f(-2) = -22 < 0$, $f(0) = 2 > 0$, $f(1) = -1 < 0$且$f(2) = 26 > 0$, 依分析中连续函数介值定理知区间$(-2, 0), (0, 1), (1, 2)$中各有一个实根. 假如$f(x) = 0$有四个不

同实根$\alpha_1 < \alpha_2 < \alpha_3 < \alpha_4$, $1 \leqslant i \leqslant 3$时, 由$f(\alpha_i) = f(\alpha_{i+1}) = 0$及分析中的**Rolle**定理, 有$\alpha_i < \beta_i < \alpha_{i+1}$使得$f'(\beta_i) = 0$. 由于

$$f'(x) = 5x^4 - 4 = (\sqrt{5}x^2 + 2)(\sqrt{5}x^2 - 2),$$

$f'(x) = 0$只有两个实根, 因而$f(x) = 0$不可能有至少四个不同的实根. 如果$f(x)$有重实根α, 写$f(x) = (x - \alpha)^2 q(x)$ (其中$q(x) \in \mathbb{R}[x]$), 则

$$5x^4 - 4 = f'(x) = (x - \alpha)^2 q(x) + 2(x - \alpha)q(x),$$

从而$\sqrt{5}\,\alpha^2 = 2$, 但$\pm\frac{\sqrt{2}}{\sqrt{5}}$都不是$f(x) = 0$的根. 因此$f(x) = 0$恰有三个不同实根, 另有一对共轭复根.

定理6.4 (Galois). 多项式$f(x) = x^5 - 4x + 2$在$\mathbb{Q}$上的Galois群同构于对称群S_5, 从而$\mathbb{Q}$上代数方程$x^5 - 4x + 2 = 0$不是根式可解的.

证明: 依引理6.5, 方程$f(x) = 0$有一对共轭复根α_1与α_2, 以及三个不同实根$\alpha_3, \alpha_4, \alpha_5$. 根据第3章定理4.8, 对称群$S_5$不可解. 由此结合定理6.2, 我们只需证$\mathrm{Gal}(F/\mathbb{Q}) \cong S_5$, 这里

$$F = \mathbb{Q}(\alpha_1, \alpha_2, \alpha_3, \alpha_4, \alpha_5) = \mathbb{Q}[\alpha_1, \alpha_2, \alpha_3, \alpha_4, \alpha_5]$$

为$f(x)$在$\mathbb{Q}$上的分裂域. 显然$\sigma \in \mathrm{Gal}(F/\mathbb{Q})$由诸$\sigma(\alpha_i)$ $(1 \leqslant i \leqslant 5)$所确定, 注意

$$f(\sigma(\alpha_i)) = \sigma(f(\alpha_i)) = \sigma(0) = 0.$$

因此, 对每个$\sigma \in \mathrm{Gal}(F/\mathbb{Q})$, 有唯一的$\sigma' \in S_5$使得

$$\sigma(\alpha_i) = \alpha_{\sigma'(i)} \quad (i = 1, \cdots, 5).$$

对于$\sigma, \tau \in \mathrm{Gal}(F/\mathbb{Q})$, 显然

$$\sigma\tau(\alpha_i) = \sigma(\alpha_{\tau'(i)}) = \alpha_{\sigma'\tau'(i)} \quad (i = 1, \cdots, 5),$$

从而$(\sigma\tau)' = \sigma'\tau'$. 映射$\sigma \mapsto \sigma'$给出了$\mathrm{Gal}(F/\mathbb{Q})$到$S_5$的单同态, 故

$$\mathrm{Gal}(F/\mathbb{Q}) \cong G \leqslant S_5, \quad \text{其中 } G = \{\sigma' \in S_5 : \sigma \in \mathrm{Gal}(F/\mathbb{Q})\}.$$

依第3章(4.1)知

$$S_5 = \langle (12), (13), (14), (15) \rangle.$$

故我们只需再证

$$I = \{1 \leqslant i \leqslant 5 : (1i) \in G\}$$

恰为$\{1, \cdots, 5\}$, 这里(11)指(1).

对$\alpha \in F$让$\pi(\alpha) = \bar{\alpha}$, 显然$\pi \in \mathrm{Gal}(F/\mathbb{Q})$. 由于

$$\pi(\alpha_1) = \alpha_2, \ \pi(\alpha_2) = \alpha_1, \ \pi(\alpha_3) = \alpha_3, \ \pi(\alpha_4) = \alpha_4, \ \pi(\alpha_5) = \alpha_5,$$

我们看到$\pi' \in G$正是对换(12). 因此$2 \in I$.

根据定理5.2与定理5.4, $F/\mathbb{Q}$为域的Galois扩张. 由引理6.2与定理6.1(i)知

$$f_i(x) = \prod_{\sigma \in \mathrm{Gal}(F/\mathbb{Q})} (x - \sigma(\alpha_i)) \in \mathrm{Inv}(\mathrm{Gal}(F/\mathbb{Q}))[x] = \mathbb{Q}[x].$$

任给$i, j \in \{1, \cdots, 5\}$, 由于$f_i(\alpha_i) = 0$, α_i在$\mathbb{Q}$上的极小多项式$f(x)$整除$f_i(x)$. 于是$f_i(\alpha_j) = 0$, 有$\sigma \in \mathrm{Gal}(F/\mathbb{Q})$使得$\alpha_j = \sigma(\alpha_i) = \alpha_{\sigma'(i)}$, 因而$\sigma'(i) = j$.

假如有$1 \leqslant j \leqslant 5$使得$j \notin I$, 我们来导出矛盾即可. 由上一段知有$\sigma' \in G$使得$\sigma'(1) = j$. 如果有$i, i' \in I$使得$\sigma'(i) = i'$, 则

$$(1j) = (1i')\sigma'(1i)(\sigma')^{-1}(1i') \in G,$$

这与$j \notin I$矛盾. 因此

$$\{\sigma'(i) : i \in I\} \cap I = \emptyset, \tag{6.3}$$

从而$2|I| = |I \cup \{\sigma'(i) : i \in I\}| \leqslant 5$. 而$\{1, 2\} \subseteq I$, 故必$|I| = 2$. 于是有唯一的$1 \leqslant k \leqslant 5$使得$k \notin I \cup \{\sigma'(i) : i \in I\}$. 由上一段又有$\tau' \in G$使得$\tau'(1) = k$. 类似地, 也有

$$\{\tau'(i) : i \in I\} \cap I = \emptyset. \tag{6.4}$$

由于$(\sigma')^{-1}\tau'(1) = (\sigma')^{-1}(k) \notin I$, 同法也有

$$\{(\sigma')^{-1}\tau'(i) : i \in I\} \cap I = \emptyset.$$

假如有$s, t \in I$使得$\sigma'(s) = \tau'(t)$, 则

$$(\sigma')^{-1}\tau'(t) = s \in \{(\sigma')^{-1}\tau'(i) : i \in I\} \cap I = \emptyset.$$

因此

$$\{\sigma'(s) : i \in I\} \cap \{\tau'(t) : t \in I\} = \emptyset. \tag{6.5}$$

根据(6.3)~(6.5), 我们知道

$$I \cup \{\sigma'(i) : i \in I\} \cup \{\tau'(i) : i \in I\}$$

是$\{1, \cdots, 5\}$的$3|I|$元子集. 而$|I| \geqslant 2$, 故得矛盾.

综上, 定理6.4证毕.

Galois对数学的影响是深远的, 他引入的群与关于域扩张的Galois理论在现代数学中(例如A. Wiles证明Fermat大定理的著名工作)起到了非常重要的作用.

下面这个猜测(参见[8, 猜想13.9])仍悬而未决.

猜想 (孙智伟, 2013). 任给正整数n, 多项式

$$f(x) = \sum_{k=0}^{n} (2k+1)x^{n-k} = 1 + 3x + \cdots + (2n+1)x^n$$

在$\mathbb{Q}$上不可约, 且其Galois群同构于对称群S_n.

第6章 习题

1. 证明至少有两个元的有穷整环必为域.

2. 设 L/M 与 M/K 都是域扩张. 证明 $[L:K]$ 是素数时 M 是 K 或 L.

3. 设 $\alpha, \beta \in \mathbb{Q}(i)$, 证明 $\alpha = \beta = 0$ 当且仅当 $\alpha^2 + 2\beta^2 = 0$.

4. 求 $i + \sqrt{2}$ 在有理数域 $\mathbb{Q}$ 上的极小多项式.

5. 设 L/K 为域扩张, $\alpha \in L$ 为 K 上超越元, 证明 $K[\alpha] \cong K[x]$.

6. 设 L/K 为域的扩张, 又设 $\alpha \in L$ 与 $\beta \in L$ 都是 K 上代数元且在 K 上有相同的极小多项式, 证明 $K(\alpha) \cong K(\beta)$.

7. 设 L/K 为域扩张, $\alpha \in L$ 在 K 上极小多项式次数为奇数. 证明 $K(\alpha) = K(\alpha^2)$.

8. 设 K 为复数域的子域.
   (1) 已知 $a, b \in K$ 且 a, b, ab 都不是 K 中元的平方, 证明 $[K(\sqrt{a}, \sqrt{b}) : K] = 4$.
   (2) 假设 $a_1, \cdots, a_n$ 属于 K 且其中任何有限个之积不是 K 中元的平方, 对 n 归纳证明

   $$[K(\sqrt{a_1}, \cdots, \sqrt{a_n}) : K] = 2^n.$$

9. 证明代数整数在 $\mathbb{Q}$ 上的极小多项式是整系数多项式.

10. 设 p 为素数, $\alpha_1, \cdots, \alpha_n$ 为代数整数. 证明在全体代数整数构成的环 $\overline{\mathbb{Z}}$ 中有同余式

   $$(\alpha_1 + \cdots + \alpha_n)^p \equiv \alpha_1^p + \cdots + \alpha_n^p \pmod{p}.$$

11. Fibonacci 数 $F_0, F_1, \cdots$ 与 Lucas 数 $L_0, L_1, \cdots$ 如下给出:

   $$F_0 = 0, \ F_1 = 1, \ F_{n+1} = F_n + F_{n-1} \ (n = 1, 2, 3, \cdots);$$
   $$L_0 = 2, \ L_1 = 1, \ L_{n+1} = L_n + L_{n-1} \ (n = 1, 2, 3, \cdots).$$

   (1) 对 $n \in \mathbb{N}$ 归纳证明

   $$F_n = \frac{\alpha^n - \beta^n}{\alpha - \beta} \ \text{且} \ L_n = \alpha^n + \beta^n,$$

这里 α 与 β 为方程 $x^2 = x + 1$ 的两个根.

(2) 利用 (1) 以及 $(\alpha - \beta)^2 = 5$, 证明对任何奇素数 p 有

$$F_p \equiv 5^{\frac{p-1}{2}} \pmod{p} \quad \text{且} \quad L_p \equiv 1 \pmod{p}.$$

12. 构造有限域 $\mathbb{F}_9$.

13. (Erdős-Ginburg-Ziv 定理) 设 p 为素数, 且 $a_1, \cdots, a_{2p-1} \in \mathbb{Z}$, 则有 $I \subseteq \{1, \cdots, 2p-1\}$ 使得 $|I| = p$ 且 $\sum\limits_{i \in I} a_i \equiv 0 \pmod{p}$ (提示: 在有限域 $\mathbb{Z}/p\mathbb{Z}$ 上应用 Chevalley-Warning 定理).

14. 设 K 为域, $f(x) \in K[x]$ 次数为正, L 为 $f(x)$ 在 K 上的分裂域. 证明 $f(x)$ 在 L 中无重零点当且仅当在 $K[x]$ 中 $f(x)$ 与 $f'(x)$ 互素.

15. 设 F 为 p^n 元域, 其中 p 为素数且 n 为正整数. 任给 n 的正因子 d, 证明

$$E = \{\alpha \in F : \alpha^{p^d} = \alpha\}$$

为 F 的 p^d 元子域.

16. 设 F 为有限域 $\mathbb{F}_{p^n}$, 其中 p 为素数且 n 为正整数. 对 $\alpha \in F$, 让 $\sigma(\alpha) = \alpha^p$.

(1) 证明 $\sigma \in \mathrm{Gal}(F/E)$, 其中 E 为 F 单位元 e 生成的最小子域 $\{me : m \in \mathbb{Z}\}$.

(2) 证明 σ 的阶为 n.

(3) 证明 $\mathrm{Gal}(F/E)$ 就是 σ 生成的 n 阶循环群.

17. 证明 $K = \mathbb{Q}(\sqrt{2}, \sqrt{3})$ 是 $\mathbb{Q}$ 的 Galois 扩张, 而且 $\mathrm{Gal}(K/\mathbb{Q})$ 同构于 Klein 四元群.

18. 证明 $x^3 - 2$ 在 $\mathbb{Q}$ 上的分裂域为 $K = \mathbb{Q}(\sqrt[3]{2} + \omega)$, 这里 $\omega = \frac{-1+\sqrt{-3}}{2}$. 再证明 $\mathrm{Gal}(K/\mathbb{Q}) \cong S_3$.

19. 定义分圆多项式

$$\Phi_n(x) = \prod_{\substack{1 \leqslant k \leqslant n \\ (k,n)=1}} \left(x - e^{2\pi i \frac{k}{n}} \right).$$

(1) 证明对任何正整数 n 有 $\prod\limits_{d|n} \Phi_d(x) = x^n - 1$.

(2) 对正整数 n 归纳证明 $\Phi_n(x) \in \mathbb{Q}[x]$ (提示: 利用 (1) 并作多项式的带余除法).

(3) 证明 $\Phi_n(x)$ 的系数为普通整数, 从而 $\Phi_n(x) \in \mathbb{Z}[x]$ (提示: 利用 Viéte 定理).

20. 设本原n次单位根ζ在$\mathbb{Q}$上极小多项式为$f(x)$.

(1) 对于不整除n的素数p, 证明ζ^p在$\mathbb{Q}$上的极小多项式$f_p(x)$就是$f(x)$ (提示: 利用$f_p(x^p)$ $\equiv f_p(x)^p \pmod{p}$).

(2) 利用(1)说明正整数k与n互素时$f(\zeta^k) = 0$, 由此导出分圆多项式$\Phi_n(x)$在$\mathbb{Q}$上不可约.

参 考 书 目

[1] 邓少强, 朱富海. 抽象代数[M]. 北京: 科学出版社, 2017.

[2] 丁南庆, 刘公祥, 纪庆忠, 郭学军. 高等代数[M]. 北京: 科学出版社, 2021.

[3] Enderton H B. Elements of Set Theory [M]. New York: Academic Press, 1977.

[4] 冯克勤, 章璞. 近世代数三百题[M]. 北京: 高等教育出版社, 2010.

[5] 聂灵沼, 丁石孙. 代数学引论: 第二版[M]. 北京: 高等教育出版社, 2000.

[6] Rose J S. A Course on Group Theory [M]. Cambridge: Cambridge University Press, 1978.

[7] 孙智伟. 基础数论入门[M]. 哈尔滨: 哈尔滨工业大学出版社, 2014.

[8] 孙智伟. 数论与组合中的新猜想[M]. 哈尔滨: 哈尔滨工业大学出版社, 2021.

[9] Tignol J P. Galois Theory of Algebraic Equations [M]. Singapore: World Scientific, 2001.

[10] 杨子胥, 宋宝和. 近世代数习题集[M]. 济南: 山东科学技术出版社, 2005.

[11] 章璞. 伽罗瓦理论：天才的激情[M]. 北京: 高等教育出版社, 2013.